낭독·필사·토론으로 문해력을 키우는
진북 하브루타 독서 토론

낭독·필사·토론으로 문해력을 키우는

진북 하브루타 독서 토론

유현심·서상훈 지음

BM 성안북스

초연결 디지털 시대를 선도하는
창의적 사고력 근육을 복원하다

「진북 하브루타 독서 토론」은 유대인의 전통 학습법인 하브루타를 한국적 상황에 맞도록 체계화해 정착시킨 독서 토론법이다. 하브루타 토론 방식은 지능으로는 더 우수한 한국인이 유대인에 비해 창의성이 떨어지고, 지금까지 노벨상 수상자를 배출하지 못하는 이유를 설명하는 대표적 이유로 인용되어왔다. 한국인들은 더 뛰어난 원석을 가지고 있음에도 이를 보석으로 가공하는 능력에서는 유대인에게 뒤져온 것이다. 한국인에게 맞는 원석 가공 지침서에 대한 연구가 축적되어 책으로 출간되는 것은 고무적인 일이다.

진북 하브루타 독서 토론의 효과는 한 교사가 자신의 독서 토론 수업 체험을 비빔밥에 비유한 것에 잘 표현되어 있다고 본다. 개인이 독서를 하는 것이 한 가지 밥에 한 가지 나물을 가지고 밋밋하게 식사를 하는 것이라면 진북 하브루타 독서 토론은 여러 사람이 자신의 나물을 섞어 맛있는 비빔밥을 만들어서 같이 즐겁게 나눠 먹는 것과 같은 효과를 낸다고 볼 수 있다. 요즈음 창의성의 화두로 이야기되는 통섭(統攝, consilience)의 효과다. 통섭은 다양한 사람이 자신의 스토리를 하나의 목적을 위해 합할 때 생겨난다.

하브루타를 통한 통섭적 토론의 최고 수혜자는 21세기 디지털 시대를 창의적으로 이끌어야 할 학생들일 것이다. 진북 하브루타는 현재 대한민국 교육의 고질적 병폐로 지적되고 있는 암기식 인지 교육의 문제를 해결하고 잠자는 교실을 깨울 수 있는 검증된 체계적 체험교육 프로그램이다. 한국 학생들에게 맞게 사고의 근력을 기르는 방법을 오랫동안 연구해온 결과다.

이 프로그램의 또 다른 수혜자는 학교 선생님인 듯하다. 하브루타 토론은 암기식 교육에서 벗어나 잠자는 학생들의 뇌를 깨울 수 있는 프로그램이다. 미래에는 스스로 다른 사람을 설득할 수 있는 답을 만드는 사람만이 리더가 될 것이다. 이러한 디지털 구성주의 시대를 준비시키고자 하는 선생님들은 반드시 실험적으로라도 시연해봤으면 한다.

세 번째 수혜자는 학부모다. 학생들에게 가장 뛰어난 교사이자 멘토는 학부모다. 학부모가 먼저 뇌를 잠에서 깨우는 경험을 할 때 자녀들의 잠자는 사고 근육도 깨어난다. 아이들의 창의력은 자신의 부모가 지닌 창의적 사고력의 크기와 비례한다. 지금까지 세상을 변화시킨 리더 주위에는 시대를 앞서가는 의식으로 무장한 부모가 있었다. 부모의 창의적 근력은 삶을 통해 그대로 아이의 그릇을 만들어낸다.

마지막으로 회사에서 창의성과 관련된 일을 하는 구성원에게 도움을 줄 것이다. 이들 구성원에 맞게 비즈니스 모형의 아포리아, 즉 해결법 없는 문제를 인식하고, 여기서 벗어나는 디아스포라 사고 훈련 프로그램으로도 활용할 수 있으리라는 생각이 들었다.

초연결 디지털 시대에 요구되는 창의성은 아무리 뛰어난 사람이라 하더라도 혼자 풀 수 있는 범위를 넘어선 지 오래다. 결국 창의성의 기반은 다양한 사람들이 집단 지성으로 힘을 합할 때 생기는 힘이다. 진북 하브루타 독서 토론은 이와 같은 집단 지성을 통해 개인과 집단의 학습 능력을 극대화하는 방법을 제시한다. 진북 하브루타 독서 토론은 삶에서는 창의적인 비빔밥의 민족이 학습에서는 집단 지성적 기질을 제대로 이용하지 못한다는 사실을 깨우쳐준다.

진북 하브루타 독서 토론에서 진북(True North)은 자신의 진정한 북쪽, 즉 자신의 존재 이유를 설명하는 중심 스토리를 지칭한다. 혼란스러운 삶 속에서 길을 잃었을 때 진북을 보고 중심을 다시 찾아갈 수 있다. 이러한 진북에 대한 자신의 스토리가 삶에 내재되어 자연스럽게 말과 행동과 태도로 표현될 때 올바른 품성을 획득할 수 있다. 진북 하브루타 독서 토론은 나이와 상관없이 자신이 삶의 주인공이 되는 스토리를 만들어 이를 정신적 근육으로 단련함으로써 성품으로 완성하는 해법을 제공할 것이다. 진북 하브루타가 한국인의 창의력과 성품을 선도하는 독서 토론의 표준이 될 것을 기대해본다.

윤정구

(이화여자대학교 경영대학 교수, 대한리더십학회 명예회장)

목

차

프롤로그

한 권을 읽어도
제대로 읽어내려면 문해력을 높여야 한다

21세기를 수식하는 말은 매우 다양하다. 스마트 시대, 융합의 시대, 글로벌 시대, 창의성의 시대 등. 많은 미래학자는 이런 특징을 지닌 미래 사회를 이끌어갈 인재의 조건으로 창의성, 조화, 열정, 문제 해결력, 바른 인성 등 다양한 조건을 이야기한다. 교사와 학부모 등 어른의 입장에서 보면 미래 사회 주역이 되어야 할 우리 아이들이 이러한 인재의 조건을 갖춘 성인으로 자라나길 바란다. 그런데 어떻게 하면 우리 아이들에게 미래학자들이 예측하는 미래 사회 인재의 조건을 갖추게 할 수 있을까?

우리나라 교육의 문제점을 지적하는 다양한 수식어를 보면 주입식, 암기식, 성과 위주, 획일화, 경쟁 위주의 교육 등을 들 수 있을 것이다. 오늘날의 기성세대는 이러한 교육을 받아왔고, 그러한 교육을 통해서도 세상을 살아가는 데 큰 불편함이 없었던 것이 사실이다. 열심히 공부해서 좋은 성적을 받으면 좋은 상급 학교에 진학하고, 좋은 기업에 취직을 하는 데서도 유리한 위치를 차지해 기득권이 되었다.

그러나 미래학자들이 언급하는 20~30년 후 사회는 지금보다 변화와 발전의 속도가 상상할 수 없을 만큼 빠르고 그 모습 또한 다양하다. 급격한 기술 발달로 인간이 행하던 많은 일이 컴퓨터로 대체되고 평균수명 100세를 바라보게 되어 누구나 생존을 위해 평생 학습을 해야 하는 시대라고 할 수 있다. 이미 시작된 이러한 메가트렌드 변화의 물결을 이제는 모두 확실히 느끼고 있다.

우리 아이들이 이런 거대한 시대적 조류를 타고 유유히 헤엄쳐나가도록 도와주는 방법에는 어떤 것이 있을까? 예전 모 개그 프로그램에서 풍자했듯 기초 학력을 다지기 위해 국·영·수 학원에 다니고, 전인 교육을 받기 위해 피아노 학원에 다니고, 체력을 기르기 위해 태권도 학원에 다니며, 교양을 쌓기 위해 미술 학원에 다니면 될까? 한마디로 잘라 말하면 '천만의 말씀'이다. 아무 생각 없이 그저 좋은 성적을 내기 위해 학원을 순례하다 보면 의존적인 학습 성향으로 끈기와 열정이 부족해지고, 자기 주도 학습 능력은 저하된다.

그렇다면 미래 사회 인재의 조건을 갖추기 위해 어떻게 하면 좋을까? 가장 좋은 방법은 어릴 때부터 책과 친해지도록 하는 것이다. 하지만 안타깝게도 게임과 영상, TV와 컴퓨터, 스마트폰에 더 익숙한 아이들에게 책은 갈수록 친해지기 어려운 대상이 되고 있다. 또 책과 친해지는 것이 중요하다고 해서 양으로 승부하는 부모들이 있다. 최근 자녀에게 책을 읽히는 것이 중요하다는 생각에 영·유아 때부터 지나치게 책을 많이 읽혀 오히려 문제가 되는 경우가 많다. 책은 놀잇감처럼 가지고 노는 대상으로 시작해, 천천히 재미있게 읽도록 해야 한다. 빠르게 많은 양을 읽어내는 것이 아니라 한 장면, 한 장면에 오래 머무르며 깊이 있는 독서를 하는 것이 중요하다.

필자들은 오랫동안 아이들을 대상으로 독서 지도를 하면서 어떻게 하면 TV 예능 프로그램이나 스마트폰 채팅보다 책 읽기가 더 재미있다는 것을 알려줄 수 있을까 고민해왔다. 그 고민을 해결하기 위해 토론용 교재와 교구 등을 지속적으로 개발함과 동시에, 수천 명의 아이들을 만나면서 단순한 책 읽기가 아니라 다양한 독후 활동을 바탕으로 한 하브루타 독서 토론이 고민을 해결해줄 수 있다는 확신을 갖게 되었다. 진북 하브루타 독서 토론을 하면서 아이들이 놀이터에서 놀 때처럼 해맑게 웃는 모습을 자주 볼 수 있었기 때문이다.

영·유아 시기에는 오감을 활용해 실컷 놀아주는 것이 가장 좋다. 본격적으로 책을 읽기 시작하는 유·초등 시기부터는 재미있고 즐거운 책 읽기를 위해 책 속 한 장면, 한 장면에 오래 머물며 부모와 함께 책을 읽고 책 내용을 바탕으로 이야기를 나누길 추천한다. 이런 방법이 바로 진북 하브루타 독서 토론이다. 그런데 이미 빠르게 책을 '보는 것'에 길들어 있는 아이들은 책을 읽고 이야기 나누는 것을 힘들어할 수도 있다. 그럴 때는 게임처럼 책 표지에 나와 있는 그림 찾기, 표지만 보고 재미있는 이야기 만들기 등을 미션으로 제시하고, 미션을 수행하면 작은 보상을 주는 방법으로 동기부여를 하는 것도 좋다.

토론의 가치에 대해서도 새롭게 일깨워줄 필요가 있다. 혼자 책을 읽으면 자신의 생각으로만 책을 이해하게 되지만, 여러 명이 함께 모여 토론을 하면 다른 사람의 생각을 알 수 있어 생각의 폭을 넓히고 깊이를 더할 수 있다. 잘 이해하지 못했던 내용도 다른 사람의 이야기에서 힌트를 얻어 이해할 수 있고, 미처 파악하지 못했던 새로운 사실도 토론 과정에서 알 수 있다. 토론을 통해 사고력을 향상시키기 위해 서로가 서로의 지렛대가 되어 생각하는 힘을 빠르고 효과적으로 기르게 되는 것이다.

아이들과 일주일에 한 번 정도 정기적으로 독서 토론을 하면 자연스럽게 바른 인성과 자기 주도 학습 능력을 키울 수 있다. 인성의 핵심은 공감과 배려인데, 독서 토론을 하면서 다른 사람의 의견을 주의 깊게 듣고 긍정적인 피드백도 하고 박수로 응원과 칭찬, 격려를 해주다 보면 저절로 공감 능력과 배려심이 향상된다. 또 독서 토론을 하면서 말하기와 듣기, 읽기, 쓰기 등 종합적인 의사소통 수단을 활용하다 보

18

진북 하브루타 독서 토론

면 소통 능력은 물론 문해력과 자기 주도 학습 능력이 향상된다. 소통 능력의 핵심은 상대방의 말을 잘 듣고 이해한 후 나의 생각을 말하는 것이기 때문에 독서토론 활동을 꾸준히 하면 크게 향상된다. 무엇보다 말하기와 듣기, 읽기, 쓰기를 고루 활용하는 진북 하브루타 독서 토론은 교과 공부의 기초라고 할 수 있는 문해력을 크게 향상 시킨다. 문해력의 핵심은 '읽기 유창성'과 '어휘력 향상'이라고 볼 수 있는데, 진북 하브루타 독서 토론은 낭독-필사-토론으로 이루어져 있어 읽기 유창성과 어휘력을 크게 신장 시키기 때문이다. 또한 자기 주도 학습의 핵심은 '계획과 실행, 평가'인데, 독서 토론을 위해 책을 미리 읽고 질문을 만드는 활동이 계획력을 키운다. 읽은 내용을 바탕으로 적극적인 토론을 하고 하브루타 질문 나누기와 질문 뽑기를 통해 실행력을 키운다. 또 비판적 글쓰기와 상호 피드백을 통해 책 내용을 제대로 이해하고 토론 활동을 성실히 수행했는지 스스로 평가하면서 주도성을 키울 수 있다.

이 책은 오랜 시간 다양한 교육 현장에서 하브루타 독서 토론을 적용한 공동 저자가 땀과 노력을 쏟아부어 완성한 결정체다. 한국진로학습코칭센터 서상훈 소장은 '천사모(천재 독서법을 사랑하는 사람들의 모임)'라는 성인 대상 독서 토론 모임을 통해 많은 사람들의 변화를 이끌어 냈다. 부모 교육 전문 강사였던 KET 코리아에듀테인먼트의 유현심 대표는 하브루타 독서 코칭 지도사(독서 토론 리더) 양성 과정을 통해 하브루타 독서 토론과 하브루타 독서 코칭 프로그램을 전국적으로 보급하는 데 앞장서고 있다. 두 사람은 2014년 KET 산하에 진북 하브루타 연구소를 설립하고 하브루타 독서 토론이야말로 아이들이 잃어버렸던 호기심을 되찾고 매몰된 자존감과 자신감을 회복하며, 궁극적으로는 토론하는 과정을 통해 잊고 있던 자기 자신을 돌아보면서 자신의 가치와 사명을 발견하도록 해주는 귀한 도구라는 믿음으로 지속적인 연구·개발에 매진하고 있다.

10년이 넘는 시간 동안 쌓아온 노하우를 한곳에 모으니 가정과 학교, 지역사회와 커뮤니티 등 다양한 곳에서 아이들과 함께 쉽고 간단하게 진북 하브루타 독서 토론을 할 수 있는 구체적인 방법을 담을 수 있었다. 진북 하브루타 독서 토론 프로세스를 적용하면 그림책과 동화책, 문학과 비문학, 교과와 비교과, 고전과 동영상 시나리오 등 어떤 텍스트로든 즐겁고 유익한 하브루타 독서 토론이 가능하다. 이 책에서 소개하는 7키워드를 바탕으로 한 토의식 토론, 브레인스토밍과 비슷한 조별 토론, 1:1 찬반 하브루타 등 다양한 방식으로 토론을 하다 보면 책 읽기가 정말 즐거운 놀이가 될 수 있을 것이다. 꾸준히 실천하다 보면 하브루타 독서 토론에서 가장 중요하게 다루는 좋은 질문을 만드는 능력과 책의 핵심을 파악하는 능력도 키울 수 있을 것이다.

이 책이 나오기까지 도와주신 분들에게 감사 인사를 전하고 싶다. 가정에서 아이들과 즐겁게 토론 문화를 만들어가고 계신 부모님들,

자신의 체험을 녹여 사례를 제공해주신 분들, 다양한 교육 현장에서 하브루타 독서 코칭 지도사로 활약하며 소중한 노하우와 자료를 공유해주신 KET 코치님들, 바쁜 와중에도 열심히 참여해 자리를 빛내주신 독서 토론 멤버들, 진북 하브루타의 가치를 알아봐주시고 학교나 기관에 도입하고 계신 전국의 선생님들과 교육 담당자들, 그리고 네이버 진북 카페와 밴드, 페이스북 페친들과 카카오스토리 행복 학습 프로젝트 회원 모두에게 감사드린다. 또 진북 독서 토론에 진북의 가치를 심어주신 진성리더십아카데미 윤정구 교수님께 특별한 감사를 드린다. 어른이나 아이나 진북 하브루타 독서 토론을 처음 접해본 사람들이 공통적으로 하는 이야기가 있다. "직접 해보기 전에는 책을 읽고 자신의 생각을 다른 사람 앞에서 이야기한다는 게 굉장히 어렵고 힘든 일이라고 생각했지만, 막상 해보니 그리 어렵지 않고, 오히려 재미있고 즐거운 시간이었으며, 다음 독서 토론 시간이 기다려진다."라는 것이다.

이 책을 읽은 부모님들과 선생님들을 통해 좀 더 많은 아이들이 독서 토론의 참맛을 알고, 언제 어디서든 삼삼오오 모여서 이야기꽃을 피우게 되길 바란다. 봄에는 벚꽃, 여름에는 장미, 가을에는 국화, 겨울에는 동백꽃 향기가 가득하듯 하브루타 독서 토론을 하는 사람들이 풍기는 향기가 널리 퍼지길 기대해본다.

백만 송이 사람 꽃향기에 취하고 싶은 날에

1장

많은 책을 읽는 것보다 한 권으로 독서 토론하는 것이 중요하다

책을 읽고 토론하는 것이 왜 중요할까?

책을 읽고 토론하며
세계 최고의 지적 성취를 거둔 유대인

2013년 방영된 KBS 5부작 다큐멘터리 〈공부하는 인간(호모 아카데미쿠스)〉에서는 동서양의 공부 방법을 비교해 소개했다. 이때 여러 나라의 공부법 중 많은 사람의 이목을 집중시킨 것은 바로 유대인의 공부법인 하브루타(havruta)였다. 유대인은 2,000년 넘게 나라도 없이 광야를 떠돌아다니면서도 어디서나 공동체를 세우고 그들의 정신을 이어왔다. 그 중심에는 그들의 성경인 토라와 지혜서인 《탈무드》가 있었고, 선생님이 없더라도 아버지와 아들, 친구와 친구, 형과 동생 등이 서로 짝을 지어 스스로 공부할 수 있게 하는 하브루타가 있어 그들만의 역사와 문화를 지켜낼 수 있었다. 그러한 이유로 유대인은 어디서나 책을 읽고 토론하는 민족으로 유명하다.

우리나라에 유대인의 하브루타가 본격적으로 도입된 지 약 8년이 지난 현재, 교육에 관심이 있는 사람이라면 하브루타에 대해 아는 정도를 넘어, 자녀 교육에 적용하기 위해 많은 노력을 기울이고 있을 것이다. 인터넷 서점에서 '하브루타'라는 키워드로 검색을 하면 300권 가까이 검색된다. 우리나라 공부법이 아니건만 그 정도로 인지도가 높아진 것이다. 유대인의 하브루타가 무엇이길래 우리나라에서까지 이토록 열광하는 걸까? 하브루타는 이스라엘의 인사말인 '샬롬 하베르(안녕 친구)'에서 유래된 말로, 짝(파트너)과 함께 공부하는 것을 말한다. 즉 짝을 지어 질문하고, 대화하고, 토론하고, 논쟁하는 유대인의 공부법으로, 좀 더 쉽게 풀이하자면 이야기하면서 공부하는 방법, 즉 '말하는 공부법'이라고 할 수 있다.

21세기 대한민국에 하브루타 열풍이 불고 있는 이유는 다양하다. 첫째, '노벨상 수상자의 30%'로 상징되는 유대인의 글로벌 파워가 사람들의 이목을 집중시키기 때문이다. 유대인들은 이집트에서 나온 이후 수천 년 동안 광활한 대지를 떠돌아다닌 비극적인 역사에도 노벨상의 약 30%(2013년에는 노벨상 수상자 12명 중 6명이 유대인), 하버드 대학교

재학생의 약 30%를 차지할 뿐 아니라 전 세계 정치, 경제, 사회, 문화 등 모든 부문에서 막강한 영향력을 행사하고 있다. 세계 0.25%의 인구, 평균 지능 세계 45위 정도로 알려진 그들이 어떻게 세계적 리더를 수없이 배출하고, 세계적인 부호와 미국의 파워 피플 순위에서 상위권을 휩쓸며, 세계 100대 기업의 창업주를 가장 많이 배출한 민족이 되었을까? 유대인에 대한 다양한 통계는 그들이 엄청난 지적 성취를 거두게 된 이유 중 하나가 끊임없이 책을 읽고 토론하는 그들의 독특한 문화라는 사실을 증명한다. 이러한 사실은 그들의 독특한 자녀 교육 방식과 더불어 세계가 그들의 공부 방법, 하브루타에 주목하게 만든 이유가 되고 있다.

둘째, '주입식, 암기식, 수동적, 획일화'로 대표되는 한국의 교육을 '토론식, 참여식, 능동적, 개별화'로 바꾸기 위한 최적의 방법이기 때문이다. 최근 코로나19 사태로 비대면 온라인 수업을 도입하면서 제대로 된 쌍방향 수업에 대한 요구가 높아지고 있다. 그러나 우리 교육 현장은 쌍방향 수업을 할 준비가 되어 있지 않다. 교실 수업이 지금까지 일방적인 강의식 수업 위주였기 때문이다. 그러다 보니 아이들은 컴퓨터를 종일 바라보며 수동적으로 듣고 있어야 하는 입장이어서, 비대면 온라인 수업에 대한 높은 피로감을 호소한다.

그런데 아이들과 온라인 툴을 활용해 비대면 하브루타 독서 토론 수업을 해보면 '온라인 수업도 힘든데 독서 토론이라니'라는 생각으로 걱정 가득한 얼굴이었다가, 거꾸로 수업 내내 아주 즐거운 모습을 보인다. 수업을 마치며 소감을 물어보면 자신들의 생각을 말할 수 있어 좋았고, 시간 가는 줄 모르고 했으며, 즐겁고 재미있었다는 응답이 돌아온다. 학교 선생님들을 대상으로 온라인 툴을 활용한 하브루타 연수를 한 후에도 만족도가 높아, 바로 수업에 적용하겠다는 의지를 보이는 분들이 많다. 하브루타 수업은 친구들에게 자신의 생각을 말하며 능동적인 수업을 할 수 있고, 개개인을 존중하는 수업이기 때문에 비대면 온라인 수업에서도 진가가 드러나는 듯하다. 이런 재미를 각 가정에서 항상 느낄 수 있다면 얼마나 좋을까?

셋째, 4차 산업혁명을 통한 21세기 지식 정보 창조 사회의 인재가 갖추어야 할 창의적 문제 해결력과 새로운 가치 창출 능력, 협업 능력, 인성 등을 키우기에 가장 적합한 교육 방식이라는 데 많은 사람이 공감하기 때문이다. 창의적 문제 해결력과 새로운 가치 창출 능력, 협업 능력 등을 어떻게 키울 수 있을까? 이런 능력을 키우려면 책을 읽고 관심 분야에 대해 다양한 경험을 하며, 서로의 생각을 공유하고 협력해나가는 교육이 이루어져야 할 것이다. 그 안에서 서로 배려하고 협동하다 보면 자연스럽게 바른 인성도 기를 수 있다. 미래 사회가 요구하는 인재는 이런 능력을 갖추어야 한다고 귀에 못이 박히게 들어왔지만, 실제 우리 가정이나 교육 현장에서는 이런 교육이 거의 이루어지지 않고, 안타깝게도 아직까지 그럴 여건조차 마련되어 있지 못한 것이 사실이다.

학습자가 의미 있게 받아들이지 않는 가르침은 기억에 남지 않으며, 원리를 알면 외우지 않아도 내 것이 된다고 한다. 그런데 우리의 공부는 어떤가? 읽고 암기하고 시험 보고 잊어버리는 공부였다. 아직도 좋은 성적을 내고, 좋은 대학에 가는 것을 교육 목표로 삼는다. 반면 유대인의 공부는 토라와 《탈무드》, 그 밖에 읽고 싶은 책이나 일상 모든 소재를 가지고 호기심을 가지고 탐구하며, 질문을 통해 토론하며 진리에 다가가려 애쓴다. 주어진 정답 대신 마음껏 자신들의 생각을 말하며 앞으로 어떤 존재로 어떤 삶을 살아갈 것인지 끊임없이 생각하도록 격려받는다. 그 과정에서 창의적 상상력과 문제 해결력, 고도의 지적 성취 등이 이루어지는 것이다. 우리의 작은 바램은 이 책이 우리 자녀와 책을 읽고 서로의 생각을 나누며 하브루타 독서 토론을 실천하기 위해 각 가정에 꼭 필요한 토론용 지침서가 되어, 우리 아이들이 생각을 펼쳐 내도록 돕는 마중물이 되었으면 하는 것이다.

혼자 읽기와 함께 읽기의 엄청난 차이

한국형 진북 하브루타는 '낭독'과 '필사', 그리고 '독서 토론'으로 구성되어 있다. 한마디로 책을 소리 내어 읽고 책 내용에 대한 자신의 생각을 신나게 이야기하며, 책 내용을 곱씹게 만드는 진짜 독서 방법이다. 그중에서도 함께 책을 읽는 낭독의 힘은 실로 엄청나다. 최근 과학기술이 발달함에 따라 첨단 장비가 개발되면서 예전에는 막연하고 추상적으로 알고 있던 정보가 구체적이고 명확하게 밝혀지고 있다. 아직은 생각을 보여주는 기계는 없지만, 우리 뇌에서 어떤 작용이 일어나는지 볼 수 있는 f-MRI(기능성 자기공명 영상)라는 장비 덕분에 최근 낭독의 비밀이 밝혀졌다. 낭독을 할 때 우리 뇌에서는 어떤 일이 일어날까?

가천의과학대학교 뇌과학연구소는 EBS 방송국의 의뢰를 받아 낭독에 관련된 실험을 했다. 묵독과 낭독을 했을 때 뇌의 어느 부분이 활성화되는지 비교하는 것이었다. 실험 과정에서 최첨단 뇌 영상 장비인 f-MRI를 활용해 한 사람이 의미 없는 문장을 눈으로 읽었을 때(묵독)와 소리 내어 읽었을 때(낭독)를 비교해서 촬영했다.

실험을 주도한 김영보 교수에 따르면 묵독을 할 때보다 낭독을 할 때 대뇌에서 더 활성화된 영역이 네 곳이었다. 1차 운동 피질 영역과 1차 청각 피질 영역 등 운동 영역이 활성화되었고, 베르니케 영역(뇌의 좌반구에 위치한 부위로 언어 정보의 해석을 담당)과 브로카 영역(뇌의 좌반구 전두엽에 존재하는 부위로 말을 하는 기능을 담당) 등 말하기 중추가 훨씬 많이 활성화되었다. 낭독을 할 때 눈과 귀, 입을 동시에 사용하므로, 시각과 청각, 입 운동 등 많은 자극이 동시에 이루어져 뇌를 쉽게 활성화할 수 있다. 그래서 낭독을 효과적인 뇌의 준비운동이라고 한다.

일본 도호쿠 대학교의 가와시마 류타 교수 팀도 '낭독이 전두엽 기능에 어떤 영향을 미치는가?'를 주제로 실험을 했다. 51명의 실험군에게 6개월 동안 낭독 훈련을 시켜 47명의 대조군과 비교한 결과 낭독을 실시한 후 기억력이 20% 정도 향상되었다고 한다. 낭독이 뇌를 워밍업시켜 뇌가 평소보다 활발하게 능력을 발휘한 것이다. 결국 낭독이 전두엽의 기능을 향상시킨다는 것이다.

숭실대학교 소리공학연구소 배명진 교수에 따르면 낭독은 뇌파에도 영향을 미친다. 보통 사람이 일상에서 아무 생각 없이 가만히 있을 때, 로 베타파나 하이 베타파 같은 고주파가 나온다. 그러다가 점점 알파파 위주로 에너지가 몰리는데, 고도의 정신 수련을 하면 알파파보다 약간 저주파, 세타파로 에너지가 몰리다가 정신이 고도의 집중력을 발휘할 때는 델타파 쪽으로 옮겨 간다고 한다. 독서를 하면 세타파가 증가되는데, 낭독을 하면 집중력이 향상되면서 델타파 에너지가 강하게 나타난다고 한다.

MBC에서 방영한 〈뇌깨비야 놀자 - 우리 아이 뇌를 깨우는 101가지 비밀〉에서도 학생들을 대상으로 '묵독과 낭독의 효과'를 주제로 비교 실험을 했다. 성적이 비슷한 학생들을 두 그룹으로 나눠 단순 기억력 실험을 한 것이다. 먼저 학생 수준에 맞추어 처음 본 책을 일정 부분 꼼꼼히 읽도록 한다. 이때 한 팀은 소리 내지 않고 눈으로만 보는 묵독을, 다른 팀은 소리 내어 읽는 낭독을 하게 한 후에 책의 내용을 물었다.

10분 정도 정해진 분량으로 책 읽기가 끝나고 독서 퀴즈를 냈을 때 낭독과 묵독을 한 팀 중 과연 누가 더 많이 기억했을까? 1차 테스트 결과 낭독 팀은 평균 50.6점이 나왔고, 묵독 팀은 평균 36점이 나와 약 14점이나 차이가 났다.

이번에는 실험의 객관성을 위해 낭독 팀과 묵독 팀을 교체해서 다시 한번 실험했다. 1차 테스트와 다른 내용으로 10분 책 읽기가 끝나고 독서 퀴즈를 냈다. 2차 테스트 결과 낭독 팀은 평균 57.5점이 나왔고, 묵독 팀은 평균 38.7점이 나와 19점 정도의 차이가 났다. 물론 묵독을 했을 때보다 낭독을 했을 때 24점(16점 → 40점)이나 점수가 오른 학생도 있었고, 반대로 낭독을 했다가 묵독을 했을 때 점수가 25점(55점 → 30점)이나 내려간 학생도 있었다. 하지만 1차와 2차 테스트를 종합한 결과 묵독보다 낭독을 했을 때 독서 퀴즈 점수가 월등히 높았다. 낭독의 효과가 입증된 것이다.

낭독은 두뇌 활동을 활발하게 한다. 낭독을 할 때 눈과 입, 귀를 모두 사용하기 때문에 대뇌 신경세포 중 70% 이상이 활성화된다. 눈으로 책을 읽을 때는 시각과 관련된 부위만 활성화되지만 소리 내서 책을 읽을 때는 시각과 청각 등 좀 더 다양한 부위가 활성화되는 것이다. 낭독은 기억력도 향상시킨다. 어떤 단어나 문장을 눈으로 읽을 때보다 입으로 소리 내어 읽었을 때 4배 더 높은 기억 효과가 있다. 낭독을 하는 동안 집중력이 높아지고, 낭독하는 행위 자체가 에피소드(경험) 기억을 형성하기 때문이다. 낭독은 두뇌를 개발하고 기억력을 향상시키는 아주 좋은 방법이다.

독서 토론의 힘

독서 토론은 책을 읽고(독서), 서로의 의견을 나누는(토론) 언어 활동이다. 독서 토론은 토의를 통해 읽은 내용을 내면화하고 책 내용 중 문제점을 찾고 토론하면서 좀 더 분명하고 정확하게 주제에 접근하는 독자 비평 활동이다. 책을 읽고 핵심 사항에 대해 폭넓고 깊이 있게 이해하고 표현하는 활동으로 참여자의 독해력과 사고력, 표현력과 청취력을 높여주는 종합적인 지적 활동이기도 하다. 또 21세기 핵심 인재가 되기 위해 필요한 여러 요소를 종합적으로 갖출 수 있게 해주는 방법으로 다음과 같은 효과가 있다.

첫째, 독서 토론은 이해력을 키워준다. 독서 토론은 책을 읽고 그 책에 대해 이야기를 나누는 것이므로 책을 이해해야 자기 생각을 표현할 수 있다. 또 토론하는 과정에서 다른 사람의 생각도 들어볼 수 있기 때문에 이해의 폭이 넓어진다.

둘째, 사고력을 키워준다. 독서 토론을 할 때 질문을 만들기 위해 의문을 품어야 하고, 자신의 생각을 조리 있게 정리해서 발표해야 하기 때문에 생각할 기회가 많아서 사고력 향상에 도움이 된다.

셋째, 표현력을 키워준다. 책을 읽고 형성된 자신의 지식과 관점, 가치를 바탕으로 자신의 생각을 말과 글로 표현하다 보면 표현력 향상에 도움이 된다.

넷째, 논리력을 키워준다. 독서 토론은 자신의 생각을 뒷받침할 확실한 근거와 이유를 찾는 훈련이기 때문에 다른 사람을 이해시키고 설득하는 능력을 향상시키는 데 도움을 준다.

다섯째, 창의력을 키워준다. 풍부한 지식을 바탕으로 함께 생각하기 때문에 새로운 생각을 할 수 있는 힘이 향상된다.

여섯째, 리더십을 키워준다. 가족끼리 독서 토론을 할 때 다른 사람의 이야기에 귀를 기울이면서 경청의 리더십을 키울 수 있는데, 익숙해지면 돌아가며 토론 리더를 하면서 리더십을 더욱 키울 수 있다.

일곱째, 독서 토론은 말하기와 듣기, 읽기, 쓰기 등 리더십에 필요한 의사소통 능력을 향상시키는 데도 도움이 된다. 아울러 올바른 독서 습관과 태도를 길러준다. 독서 토론은 지식 정보화 시대, 평생 학습의 시대, 창조 시대를 맞아 평생 학습을 해야 하는 21세기에 강력한 무기를 제공한다.

이처럼 함께 읽기(낭독)와 독서 토론을 통한 '말하는 공부법'은 뇌의 다양한 부위를 자극하는 효과적인 방법이다. 어릴 때부터 자연스럽게 진북 하브루타를 습관으로 만든다면 뇌를 훌륭하게 성장시킬 수 있다. 그러므로 말하는 공부법은 우리 아이의 뇌를 깨우는 최고의 비결이라 할 수 있다.

책을 많이 읽으면 좋을까?

자녀를 병들게 하는 초독서증(hyperlexia)을 경계하라

이영이(32·가명) 씨는 얼마 전 아들 진성(가명)이가 다니는 어린이집 선생님에게 전화를 받았다. 아이가 다른 친구들과 전혀 어울리지 않고 혼자만의 세계에 빠져 있는 것 같으니 병원에 가보는 게 어떻겠느냐는 것이었다. 말이 좀 늦은 것 말고는 어릴 때부터 영재라는 소리를 들을 만큼 영민했던 진성이는 가족의 자랑이었다. 심지어 지난주엔 2,000권의 책을 완독해 파티까지 했던 터였기에 기분이 상했다. 그래도 혹시나 해서 병원을 찾은 진성이 엄마는 청천벽력 같은 소리를 들었다. 의사는 진성이가 쌍방 소통이 되는 대화는 거의 하지 못하고 기계처럼 암기한 문어체 문장을 중얼거리는 행위를 반복하고 있어 치료가 필요하다고 했다. 뇌가 아직 발달하지 않은 아이에게 많은 책을 읽어주며 텍스트에 과다 노출시킨 결과, 의미는 전혀 모르면서 기계적으로 문자를 암기하는 '초독서증(hyperlexia)'을 보인 것이다. 이후 진성이는 유사 자폐 진단을 받았다.

책을 읽는 것은 좋은 일이고 중요한 일이다. 그러나 정도가 지나치면 독이 될 수 있다. 연세대 의대 소아정신과 신의진 교수는 우리나라의 과잉 독서 붐에 대해 심각하게 경고했다. 책 읽기가 중요하다는 생각에 집을 도서관으로 꾸미고 짬만 나면 책을 읽히는 엄마들이 많다. 육아 관련 카페를 살펴보면 만 3세도 되지 않은 아이에게 하루 50권 이상씩 읽혀 3,000여 권을 돌파했다는 글이 올라오고, 다른 엄마들은 자기 아이만 뒤처진 것이 아닌지 걱정하는 댓글로 도배를 한다. 신의진 교수는 이런 과잉 독서 붐에 대해 어떻게 생각하는지 묻는 기자에게 "한마디로 너무 심각하다. 미칠 노릇이다. 유아에게 많은 책을 읽히는 것은 일부러 돈을 들여 아이를 망치는 지름길이다."라고 탄식했다. 책 읽히기를 중요하게 생각하는 엄마들은 아이들이 책을 너무 좋아해서 책을 뺏으면 울고불고 난리라며 은근히 자랑을 한다. 그러나 신의진 교수는 "어릴 때부터 책을 너무 많이 읽혀 생긴 집착 증세이거나, 책 읽기 외에도 재미있는 일이 있다는 것을 모르기 때문에 나타나는 현상"이라며, 그런 모습이 바로 병을 알리는 전조 증상이라고 일침을 놓았다.

독서는 글이나 그림을 통해 추상의 세계를 탐색하는 것으로, 장난감은 실체를 다루는 데 비해 책은 실체의 상징, 즉 심벌을 다룬다는 점에서 큰 차이가 있다고 한다. 머릿속에서 심벌이 형성되기 시작하는 시기는 돌부터이지만 아주 단순한 것 정도이고, 두 돌이 지나야 인형놀이 정도로 조금씩 심벌을 다룰 수 있다. 자신의 상상을 얹을 수 있는 나이는 최소 세 돌 이후이고, 글이라는 심벌을 읽으며 제대로 독서를 할 수 있는 나이는 적어도 초등학교 2~3학년부터라는 것이다. 남자아이는 이보다 좀 더 늦다. 만 3세까지 아이의 뇌는 감정 조절이나 충동 억제, 교감, 공감 등을 담당하는 변연계가 발달한다고 한다. 요즘 부모들은 어릴 때부터 책을 읽으면 아이가 똑똑해질 거라는 기대로 생후 6개월 정도부터 본격적으로 책을 많이 읽히는데, 이 시기부터 과다하게 독서를 하면 문자의 의미는 전혀 이해하지 못한 채 기계적으로 문자만 암기하는 초독서증이 나타날 수 있다. 만약 유아가 동화책을 막힘 없이 읽거나 책에 나오는 단어를 줄줄 외우면서도 책 내용은 이해하지 못한다면 초독서증을 의심해봐야 한다.

이런 증세를 보이는 아이들은 다른 사람들과의 정서적 교감이나 소통을 거의 하지 못해 정서적 교감 능력과 공감 능력이 현저히 떨어진다. 그 결과 사회성이 저하되고 사회 인지가 떨어져, 심하면 앞 사례에서처럼 쌍방 의사소통이 안 되고 자폐와 비슷한 증세를 보일 수 있다. 초독서증은 부모나 친구 등 사람들과 함께 놀며 사회성을 배워야하는 나이에 너무 빨리 문자에 눈을 떠, 외부와의 소통은 거부하고 자신만의 세계로 들어가버리는 자폐 성향을 보이기 때문에 유사 자폐로불린다. 그러므로 "책도 읽히지 말고 문자도 가르치지 마라. 적어도 5세까지는 그냥 놀게 하라."는 신의진 교수의 말대로 5세 이전 아이에게는 되도록 창의성을 죽이는 인지 교육을 시키지 말고, 인위적인 자극을 주지 말아야 한다.

또 한 가지 안타까운 것은 발달 단계와 이해력 수준에 맞는 적기 독서를 하라고 주장하면서도 '학년별 적기 독서 코칭법' 등이 대중적인 인기를 얻는다는 것이다. 과연 독서에 학년별 수준이라는 것이 있을까? 독서 수준은 개인마다 다르다. 전문가라는 사람들이 신체적 성장과 두뇌 발달 단계에 따른 추천 도서를 제시하기도 하는데, 신체적 성장과 두뇌 발달 수준 역시 아이마다 다르기 때문에 학년별 추천 도서또는 연령별 추천 도서 같은 것을 맹신해서는 안 된다. 책을 읽는 시기가 되었더라도 아이가 발달해가는 과정을 세밀하게 지켜보면서 아이가 좋아하는 책, 이해 수준에 맞는 책으로 서서히 접근해야 할 것이다.

뇌과학자인 서유헌 서울대 의대 교수도 "뇌가 성숙하지 않은 아이들에게 과도하게 독서를 시키는 것은 가는 전선에 과도한 전류를 흘

려보내는 것과 마찬가지다. 과부하로 전선에 불이 나는 것처럼 아이들 뇌 발달에 큰 지장이 생길 수 있다."고 경고했다. 서유헌 교수가 제시하는 발달 단계별 독서법은 다음과 같다.

"0~3세 영·유아 시기는 독서 교육 전 단계다. 이 시기에는 신경세포 회로가 고루 발달하므로 되도록 책을 읽히지 않는 것이 좋다. 대뇌피질은 3세 이후에 발달하기 때문에 그 전에 인지적인 학습으로 뇌에 자극을 주는 것은 오히려 정상적인 뇌 발달에 방해가 된다. 아이가 그림책에 흥미를 느끼더라도 짧게 보도록 해야 하고, 책에 집착하지 않도록 지도해야 한다. 특히 이 시기에 사고의 여유를 주지 않고 쉴 새없이 시각, 청각만 자극하는 TV나 교육용 영상도 되도록 보여주지 않는 게 좋다. 대신 직접 자연물을 만지고 향기를 맡게 하는 오감 교육법이 좋다. 4~6세 유아기에는 전두엽이 빠르게 발달하며 학습이 가능한 시기다. 그러나 여전히 책이나 영상보다는 사람과의 접촉을 통해 인성을 기르거나 창의적인 지식을 가르쳐주는 것이 훨씬 더 중요하다. 그러므로 책을 읽어주면서 책과 조금씩 친숙해지도록 하되, 장시간은 피해야 한다. 책을 읽어주는 것도 일방적인 자극으로 계속 반복하는 것은 뇌 발달을 오히려 방해하므로 주의해야 하고, 책놀이나 말놀이를 위주로 천천히 시작해야 한다. 7~12세 초등기는 전두엽에서 뇌 중간 부위까지 뇌 회로가 발달하는 시기로, 입체 공간적 인식 기능을 하는 두정엽과 언어 이해 기능을 하는 측두엽 부위가 발달한다. 이때부터 본격적인 읽기나 쓰기를 하는 것이 적합하다. 아이 스스로 흥미를 느끼는 책을 골라 읽을 수 있도록 지도하고 독서량을 점차 늘려나가도록 해야 한다."

뇌는 자극을 받으며 발달하는데, 일정량 이상의 자극을 받으면 손상되어 재생되지 않는다고 한다. 서유헌 교수의 조언대로 너무 이른 시기에 많은 책을 읽히는 것은 아이 뇌를 병들게 할 뿐임을 명심해야 할 것이다.

빨리 읽어내는 속독에는 학습 효율성이 없다

'속독'이라는 주제로 인터넷 검색을 해보면 파워링크에 학원 이름이 수십 개 뜬다. '전 과목 초고속 00 학습법', '속독의 신 00 학원 본원', ' 상위 1% 속독 00', '뇌내 정보 고속도로 000' 등등 이름만 봐도 책을 빨리 읽게 하는 학원임을 알 수 있다. 그런데 책을 빨리 읽으면서도 내용을 완전히 이해하는 방법이 있을까? 물론 중요한 시험을 앞둔 수험생이 책 읽는 속도가 현저히 느려 시험문제를 다 못 푼다면, 원인을 파악하고 책을 조금 빠르게 읽을 수 있도록 어휘력이나 배경지식을 늘리거나, 집중력을 방해하는 요소를 제거하는 방법 등으로 보완해야 할 것이다. 그러나 대부분의 경우 책을 빠르게 읽으면 내용은 물론 행간의 의미나 글에 담긴 깊은 뜻을 제대로 파악하기 힘들다.

예전에 모 예능 프로그램에서 속독법을 소개한 후 속독 학원이 우후죽순 생겨났다고 한다. 속독법이 생겨난 것은 난독증을 치료할 수 있을 거라는 기대 때문이었다. 난독증은 활자를 제대로 인지하지 못하거나 인지 오류를 일으키는 병이다. 유전적인 문제 또는 후천적인 문제 등 원인이 다양하다. 후천적인 문제는 치료가 가능하다는 가정 하에 책을 빨리 읽는 사람과 난독증 환자, 그리고 보통 사람을 비교한 연구가 있었는데, 책을 빠르게 읽는 사람은 눈동자가 빠르게 움직였고 난독증 환자는 눈동자가 느리게 움직였다. 그래서 눈동자를 빠르게 움직이도록 훈련하는 속독법이 등장한 것이다. 이런 속독법은 결론적으로 1980년대 중반, 실험을 통해 아무런 소용이 없다는 것이 증명되었다. 즉 속독을 하는 사람의 안구가 움직이는 속도가 빠른 것은 사실이지만 안구가 빠르게 움직인다고 해서 속독을 하는 것은 아니라는 결과가 나온 것이다. 속독법에는 빠르게 들어오는 정보를 효과적으로 해석하는 교육도 병행되는데, 정형화된 문서를 받아들이는 데는 다소 효과가 있었지만, 시험문제나 연구 자료, 교과서 등을 속독하는 것은 상당히 어렵다. 더군다나 문학작품을 속독으로 읽는다는 것은 거의 활자만 훑어보는 것에 불과하다.

육아 관련 카페에 올라오는 글을 보면 많은 책을 읽는 것과 마찬가지로 책을 빠른 속도로 읽는 것을 자랑하는 부모들이 제법 있다. 아이가 앉은자리에서 몇십 권 이상을 뚝딱 읽어치운다는 것이다. 그런데 책을 빨리 읽는 습관은 대부분 부모의 과열된 교육열로 인한 경우가 많다. 대부분의 부모들이 가정에서 부모가 해줄 수 있는 최고의 교육 방법으로 독서 교육을 꼽다 보니, 독서를 통해 아이의 지력은 물론 학습 능력까지 키우겠다는 생각에 은근히 책을 많이 읽도록 강요한다. 이런 부모는 책을 제대로 읽었는지보다 몇 권을 읽었는지를 중요하게 생각하기 때문에, 전집을 사더라도 다 읽은 책은 거꾸로 꽂아놓거나 다른 책꽂이에 꽂는 방식으로 아이의 독서 수량을 카운트하기도 한다. 이렇게 아이에게 즐겁고 재미있는 독서 경험을 주려는 목적보다 되도록 남보다 빨리 읽어 더 많은 책을 읽게 하려는 경우, 자칫하면 앞서 말한 초독서증에 빠지는 중요한 원인이 된다.

그런데 놀랍게도 책을 빨리 읽고도 책 내용을 잘 이해하는 아이들이 있다. 줄거리를 물어보면 막힘 없이 술술 이야기해서 '우리 아이가 영재가 아닐까?' 하는 착각에 빠지게 만든다. 그런데 사실 그림책이나 문학작품의 경우 줄거리를 말하는 게 어렵지 않다. 그림책이나 동화책은 몇몇 인물을 중심으로 이야기가 전개되는 발단-전개-절정-결말의 구조를 띤다. 드라마나 애니메이션도 마찬가지다. 그렇기에 세부적인 책 내용을 몰라도 줄거리를 말하는 것이 어렵지 않다. 그러나 지식 습득을 목적으로 읽는 비문학 책은 제대로 된 내용을 파악하지 못하면 남에게 설명하기 어렵다. 그런 특성을 모르고 아이에게 책을 빨리 읽게 해 대충 읽는 습관이 몸에 밴다면 아이는 책의 핵심 내용은 물론 책을 통해 얻어야 할 지식을 습득하는 데도 실패할 확률이 높다. 이런 독서는 부모의 기대를 충족시키기 위해 활자만 읽는 결과를 가져와 결국 학습 효율성이 거의 제로에 가까워진다. 히라노 게이치로는 《책을 읽는 방법》에서 "속독가의 지식은 단순한 기름기에 불과하다. 그것은 아무 도움도 되지 않으며, 쓸데없이 머리 회전만 둔하게 하는 군살이다. 결코 피가 되고 살이 되는 지식이 아니다."라며 빠르게 읽는 속독의 폐해를 지적했다.

문해력을 키우는 것이 제일 중요하다

2021년 3월, EBS에서는 연중 기획으로 〈당신의 문해력〉이라는 프로그램을 방영했다. 문해력의 개념은 매우 다양하고 복잡하지만 쉽게 말하면 '글을 읽고 글에 담긴 뜻을 이해하는 능력'을 뜻한다. 2008년 국립국어원이 실시한 '국민의 기초 문해력 조사'에 따르면 우리나라 전국 19~79세 성인 문맹률(글을 읽거나 쓰지 못하는 사람의 비율)은 1.7%(약 62만 명) 정도밖에 되지 않는다고 하는데, 왜 새삼 문해력이 국가적으로 문제가 될까?

이 연구에서는 문해력의 개념을 '현대사회에서 일상생활을 영위해 나가는 데 필요한 글을 읽고 이해하는 최소한의 능력'으로 정의하면서, 일상생활을 영위하는 데 필요한 글(공익 광고, 텔레비전 프로그램, 신문 기사, 일기예보, 가정 통신문, 법령문 등)을 읽고 해독하는 능력을 5단계로 나누어 제시하고 있다.

0수준 : 읽고 쓸 수 있는 능력이 전혀 없는 완전 비문해자.

1수준 : 낱글자나 단어를 읽을 수 있으나 문자 이해력이 거의 없는 반문해자.

2수준 : 간단한 생활문을 읽고 원하는 정보를 찾아낼 수 있으나, 다소 길거나 복잡한 문장은 이해하지 못하는 수준.

3수준 : 신문 기사나 광고, 공공 기관 서식 등 일상 생활문 대부분을 이해하지만 법령문 등의 이해나 추론 능력은 부족한 수준.

4수준 : 길고 어려운 문장, 내용이 복잡한 글을 이해하며 글에 나타나지 않은 내용까지 추론할 수 있는 능력.

조사 결과 우리나라 성인의 문해력 평균 점수는 63.6점으로, 3수준 정도로 나타났다. 이는 우리나라 중학생의 문해력 평균 점수 77.4점(4수준)에 크게 못 미치는 것이었다. 아울러 문해력은 학력이 높을수록, 독서량이 많을수록 높게 나타나는 것을 알 수 있었다.

기초 문해력 조사에 사용한 문항은 실용과 교양으로 나누고 하위 요소로 사실적 문해, 추론적 문해, 비판적 문해를 넣어 총 60문항으로 출제되었는데, 그중 예시 문항 몇 가지를 소개하면 다음과 같다.

기초 문해력 조사 예시 문항

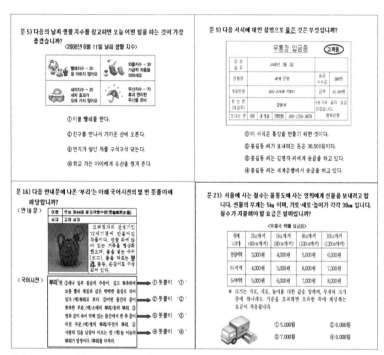

출처 : '2008 국립국어원 국민의 기초 문해력 조사 보고서'(시행 : 한국갤럽조사연구소)

높은 문해력을 갖춘다는 것은 인간이라면 누구나 누려야 할 기본 인권 중 하나로 '교육받을 권리'를 충족시키는 것이다. 21세기 지식 정

진북 하브루타 독서 토론

보 사회에서는 단순히 글자를 익히고 쓰는 수준을 넘어 자신의 필요와 사회의 요구에 대응할 수 있도록 문해권을 갖는 것을 포함한다. 고차원적인 문해력은 정치·경제·사회·문화 등 일상생활 전반에 걸쳐 삶을 영위하기 위해 없어서는 안 될 능력으로, 자녀들에게 꼭 물려줘야 할 유산이다. 앞의 연구 결과 문해력은 학업 성취도와도 밀접한 관련이 있는 것으로 보고되었다. 수학 실력이 낮은 경우 국어 실력을 높여야 한다는 말이 있다. 이는 문해력이 모든 과목의 학업 성취도와도 연결된다는 증거다. 자녀가 책을 읽고도 무슨 뜻인지 이해하지 못하거나 낱말 뜻을 이해하지 못하는 등 문해력이 낮다면 우선 문해력을 높이는 데 중점을 둬야 한다.

그렇다면 문해력은 어떻게 기를까? 앞서 말한 EBS〈당신의 문해력〉에서 소개한 문해력 키우는 방법이 놀랍게도 이 책에서 소개하는 '진북 하브루타 독서 토론 프로그램'과 필자들이 2018년 성안북스에서 출간한 《하브루타 일상수업》에 그대로 녹아 있다. 아이들과 다양한 말놀이로 시작해, 하브루타 독서 토론으로 연결해 깊이 이해하는 독서를 하다 보면 자연스럽게 문해력을 기를 수 있다. 아울러 어려운 단어가 나오면 그냥 지나치지 말고 꼭 알고 넘어가는 습관을 갖는 것도 중요하다. EBS에서는 2021년 '읽어야 이룰 수 있습니다.'라는 연중 캠페인을 벌이고 있는데, 상반기에는 〈당신의 문해력〉이라는 프로그램으로 유아와 초등 저학년을 대상으로 '소리 내어 읽으세요.'라는 제목으로 문해력의 골든타임이라고 볼 수 있는 만 48개월부터 초등 2학년까지 아이들의 문해력을 키우는 방법을 제시한다. 구체적인 내용은 EBS 홈페이지에도 올라와 있는데, 주로 자녀와 함께 놀 수 있는 다양한 말놀이 방법을 담았으니 참고하면 좋겠다. 하반기에는 초등 고학년·고등학생을 대상으로 '나도 읽어요.'라는 주제로 긴 글을 읽지 않는 10대들이 '읽기'에 긍정적인 마인드를 가질 수 있도록 함께 읽기 방법을 소개한다고 하니 눈여겨보면 좋을 듯하다.

이 프로그램이 방영된 후 많은 학부모들이 그동안 아이에게 책을 읽어주는 방식에 문제가 있었음을 깨달았다고 한다. 앞서 말한 대로 그동안 많은 책을 읽는 데 급급했던 아이들은 단어나 문장의 뜻을 이해하고 상황에 맞는 문장을 구사하는 문해력을 키우기 힘들다는 것이 증명된 것이다. 특히 SNS가 보편화되면서 문해력이 떨어지는 현상은 점차 심각해지고 있다. 이 책에서 소개하는 진북 하브루타 독서 토론 방법에는 지난 10여 년 동안 유아부터 성인에 이르기까지 다양한 대상과 함께 '소리 내어 읽고 역할극으로 읽고 토론하며' 문해력을 키우는 데 실질적인 노력을 해온 필자들의 숨은 노하우가 수록되어 있으니 참고하길 바란다.

달을 보랬더니 왜 손가락을 보는가?
✦ 하브루타 독서 토론의 현상과 본질 ✦

1999년 배우 전광렬 씨가 주연을 맡은 MBC 드라마 〈허준〉에 이런 장면이 나온다. 왕의 처남이 어느 날 갑자기 '구안와사(口眼喎斜, 입과 눈이 한쪽으로 틀어지는 병으로 중풍 증상의 하나)'라는 병에 걸려 어의를 불러 치료를 하게 했다. 어의들은 하나같이 틀어진 입을 바로잡기 위해 얼굴에 침을 놓았지만 하루도 지나지 않아 다시 입이 비뚤어졌다. 어의들은 이제 막 궁궐에 들어온 허준을 쫓아낼 모략을 세우고 왕의 처남에게 데려갔다.

허준은 진맥을 하더니 뭔가 알았다는 듯 고개를 끄덕이고 보름 이내로 병을 고치겠다고 말했다. 그러고는 깊은 산속으로 들어가 좋은 약재와 깨끗한 물을 구해 와서 정성스럽게 탕약을 달여 하루 세 번 먹게 했다. 불편한 입으로 탕약을 먹는 게 고역이었지만 왕의 처남은 허준의 말을 믿고 며칠 동안은 탕약을 잘 받아먹었다. 그런데 일주일이 지나도 증상이 나아지지 않자 더 이상 참지 못하고 허준을 불러들였다. 그리고 당장 내일까지 병을 고치지 못하면 감옥에 처넣을 거라고 엄포를 놓았다.

허준은 전혀 당황하지 않고 마침 때가 왔다는 듯 다시 진맥을 했다. 그러고는 얼굴에 침을 놓자, 입이 정상으로 돌아왔다. 왕의 처남은 시간을 벌기 위한 수작이라면서 내일 아침이 되면 다른 어의들이 치료했을 때처럼 다시 입이 비뚤어질 거라고 했다. 그러나 다음 날 아침이 되자 병이 말끔히 나아 더 이상 입이 돌아가지 않았다.

그제야 허준은 자신의 치료법을 설명했다. '구안와사'라는 병의 원인은 여러 가지인데, 이번의 경우는 위장에 탈이 나서 그 증상으로 생긴 병이기 때문에 먼저 탕약으로 위를 다스리고 나서 얼굴에 침을 놓았다고 했다. 다른 어의들은 겉으로 드러난 '현상'에 초점을 맞춰 입이 돌아가는 증상을 바로잡으려고 얼굴에 침부터 놓은 탓에 계속 재발되었다. 하지만 허준은 드러나지 않는 '본질'에 초점을 맞추어 병의 근본 원인인 위장병부터 다스리고 나서야 얼굴에 침을 놓아 재발을 막고 완치시켰던 것이다.

이 이야기는 하브루타에 대한 강의를 할 때 오프닝에서 자주 언급한다. '하브루타를 어떻게 가정과 학교에 적용할 것인가?'라는 문제에 대해 겉으로 드러나는 현상이 아니라 속에 있어 보이지 않는 본질에 초점을 맞추어야 한다는 것을 강조하기 위함이다. '달을 보랬더니 왜 손가락을 보는가?'라는 말도 비슷한 맥락이라고 할 수 있다. 즉 손가락은 현상이고, 달은 본질에 해당된다.

하브루타와 관련해 사람들이 알고 있는 것은 대부분 현상에 해당되는 것들이다. 질문과 대답으로 이어지는 대화법을 하브루타라고 말하기도 하고, 1:1로 짝을 이뤄 찬반 토론을 하는 것을 하브루타라고 말하기도 하며, 짝과 함께 가르치고 배우는 방식을 하브루타라고 말하기도 한다. 또 끊임없이 '마따호쉐프(네 생각은 뭐니?)'라는 질문을 던지는 것을 하브루타라고 말하기도 하고, '플립 러닝(Flipped Learning, 거꾸로 학습)'을 하브루타라고 하기도 하며, 토라와 《탈무드》로 토론하는 것을 하브루타라고 일컫기도 한다. 이런 것들은 모두 본질에 다가가기 위한 수단일 뿐이다. 특정한 방법을 따라야 하브루타를 제대로 할 수 있다고 말하는 사람은 '현란한 손가락질'로 달을 보지 못하게 막고 있는 것이다.

그렇다면 하브루타의 본질은 무엇일까? 정답이라고 할 수는 없지만 하브루타 관련 책을 읽고 강의를 하면서 찾은 나름의 해답은 '사고력 향상'이다. 즉 생각하는 능력을 키우기 위해 질문과 대답, 토의와 토론(논쟁), 짝과 함께 가르치고 배우기, 끊임없이 질문 던지기, 거꾸로 학습, 토라와 《탈무드》 공부, 문학과 인문 고전 공부, 좋은 강의 듣기를 하는 것이다.

그런데 '사고력 향상'이라는 본질에 초점을 맞추면 하브루타만 그것을 가능하게 하는 것이 아니란 사실을 자연스럽게 깨닫게 된다. 즉 토의 토론, 디베이트, 독서 토론, 브레인스토밍, 독후 활동 등 우리가 알고 있는 대부분의 방식이 사고력 향상을 추구한다. 다만 방식이란 현상에 초점을 맞추어 본질을 보지 못하고 있었던 것뿐이다. 다만 하브루타가 이슈가 되는 이유는 유대인의 탁월한 성과에 대한 관심과 시대 흐름에 적합한 이미지를 지니고 있기 때문일지도 모른다.

앞으로 하브루타 독서 토론을 하거나, 자녀 교육과 관련된 책을 보거나, 강의를 들을 때는 다양한 방식이라는 현상이 아니라 사고력 향상이라는 본질에 초점을 맞추길 바란다. 그럼 손가락이 아니라 달을 볼 수 있게 될 것이다. 보고 들은 것을 아이들에게 적용할 때도 단순히 방식을 알려주는 것이 아니라 '어떻게 하면 우리 아이에게 생각하는 힘을 키워줄까?'란 질문을 늘 생각하고 있어야 한다. 즉 사고력 향상이라는 자신만의 안테나를 머리 위에 세워두어야 진정한 하브루타를 한다고 할 수 있을 것이다. 책만 많이 읽어서는 사고력이 키워지지 않는 것도 같은 원리다. 자녀에게 책을 읽히는 이유가 무엇인지 생각해야 한다. 책을 읽는 이유도 바로 아이가 책에서 알려주는 지혜, 생각하는 힘을 얻길 원해서일 것이다. 각자의 머리 위에서 '본질을 향하는 안테나'가 반짝이길 바란다.

2장

한국형 진북 하브루타 독서 토론의 원리

진북 하브루타 독서 토론에 숨겨진
다양한 원리

낭독의 원리 : 낭독은 힘이 정말 강하다

진북 하브루타 독서 토론은 낭독-필사-토론으로 이루어져 있다. 앞에서 낭독의 위력에 대해 알아봤다. 그런데 낭독을 하면 구체적으로 어떤 점이 좋을까? 우선 낭독은 자신감을 키우고 능동적이며 진취적인 태도를 갖추도록 해준다. 눈으로 읽는 것은 개인적인 일이지만 낭독은 공적인 행위이기 때문에 자신감 향상에 도움을 준다. 특히 우리나라의 교육은 주로 듣는 수업으로 진행되므로 낭독을 통해 듣기 훈련을 한 사람은 수업 적응력이 높아져 학습 효율을 높일 수 있다.

둘째, 낭독을 하면 한 글자 한 글자를 정성 들어 읽게 되므로 자연스럽게 정독할 수 있다. 눈으로 보는 것은 책 읽는 속도를 빠르게 만들 수 있지만, 생각이 그 속도를 따라가지 못해 앞서 읽은 것을 금세 잊어버리는 경우가 많다. 낭독은 이런 문제를 해결하는 데 도움이 된다. 낭독은 글씨만 읽는 행위를 넘어 귀의 감각을 일깨우고, 소리의 진동을 통해 몸이 반응하게 되므로 온몸으로 기억하고 집중할 수 있다.

셋째, 어휘력과 이해력을 키워준다. 문학작품이나 고전으로 낭독을 하면 자신의 이해력보다 수준 높은 어휘나 단어를 접하므로 어휘력이 향상된다. 낭독을 통해 책 읽는 소리에 익숙해진 사람은 여러 분야에 관심과 흥미를 갖게 되어 자신의 진로를 찾기도 쉽고, 다른 사람과 문화를 잘 이해하게 된다.

넷째, 마음을 평화롭게 한다. 각종 고민과 스트레스로 생긴 우울과 분노, 걱정을 다스리는 데 낭독만큼 좋은 것이 없다. 마음을 위로하고 편안하게 만드는 데 도움이 되는 좋은 글을 소리 내어 읽는 과정에서 자연스럽게 심신이 치유되는 것이다.

다섯째, 낭독은 듣는 사람뿐 아니라 읽는 사람도 행복하게 한다. 책을 소리 내어 읽으면 기분이 좋아진다. 자신이 마음에 드는 구절을 읽을 때는 행복하다. 듣는 사람은 더욱 행복하다. 또 낭독은 학습 효과를 높인다. 소리를 내어 읽으면 눈으로 보고 입으로 말하며 듣기까지 하면서 정보를 입력하므로 두뇌가 3중으로 자극을 받는다. 따라서 그냥 눈으로 볼 때보다 기억하는 데 훨씬 도움이 된다.

여섯째, 낭독은 집중력을 높인다. 소리를 내어 읽으면 잡생각이 끼어들지 못한다. 사람의 뇌는 특이하게도 낭독을 하는 순간 다른 잡념이 끼어들 틈을 허락하지 않는다. 공부할 때 엉뚱한 생각이 끼어들어 정신을 팔 때가 많거나 공부에 집중이 안 될 때 낭독을 하면 잡생각이 봄눈 녹듯 사라지는 현상을 경험할 것이다.

일곱째, 낭독을 하면 발표력과 표현력이 향상된다. 머릿속에 천 가지 지혜와 만 가지 지식을 담았더라도 겉으로 드러내지 못하면 아무 짝에도 쓸모가 없다. 낭독은 정확하게 발음하고, 남들 앞에서 조리 있게 이야기함으로써 발표력과 표현력을 키우는 가장 좋은 방법이다.

자녀와 함께 '소리 내어 책 읽기'를 통해 또 다른 효과를 기대할 수 있다. 함께 책을 읽는 것은 서로의 사랑을 표현하는 최고의 도구이자 쉽고 간단하게 실천할 수 있는 자녀 교육법이다. 함께 책 읽기를 하면 한 공간에서 읽는 사람과 듣는 사람이 연결되어 소소한 이야기를 나누고, 친밀도를 높이면서 유익한 시간을 가질 수 있다. 특히 아빠들은 아이와 함께한 경험이 적어 아이를 잘 모르는 경우가 많은데, 함께 책을 읽고 이야기를 나누면서 아이를 이해할 수 있다.

또 함께 책 읽기는 가족만의 언어를 만들어준다. 바쁜 일상에서 부모와 함께 책을 읽으며 보내는 시간은 아이에게 부모의 관심과 사랑, 보살핌을 증명하는 일이고, 부모에게는 일상을 잊고 자녀와 좋은 관계를 맺는 기회가 된다. 그뿐 아니라 책 속의 다양한 간접경험을 나누는 효과적인 방법이다. 혼자 글을 읽지 못하는 아이들에게는 그림책 읽어주기로 시작해 그림에 대해 이야기를 나누면서 함께 책 읽기에 동참시키는 것도 좋다. 이 과정에서 자연스럽게 글자에 대한 관심을 불러일으킬 수 있다. 함께 책 읽기는 초등학교 저학년뿐 아니라 고학년 아이에게도 유용하다. 함께 책 읽기를 통해 아이들로 하여금 읽는 것을 배우고자 하는 의욕을 심어주고 언어능력을 발달시키며, 이해력을 신장시키고, 지식의 폭을 넓혀주며, 심리적인 교육 기회를 제공한다. 더불어 문학작품을 재미있게 접하고 감상할 기회를 제공하는 것은 물론, 다소 읽기 어려워 접하지 않으려 했던 책도 쉽게 읽도록 함으로써 독서 동기를 자극한다. 함께 책 읽기를 하다 보면 마치 연극 무대에서 성우들이 연극을 하는 것과 같은 느낌을 주어 상상력, 호기심, 창의력을 길러주며, 풍요롭고 안정된 정서와 심미적 감상력을 기를 수 있어 궁극적으로 전인적 발달에 도움이 된다.

소리 내어 함께 읽기에는 문학과 사회, 과학 등의 교과 지식을 담은 내용, 수학 기술을 익히는 내용, 그 외 동화적 요소를 담은 책 등 다양한 책을 활용할 수 있어 학습 능력을 향상시키며, 독서 편식을 막을 수 있다. 또 독서 시간을 확보하고, 규칙적인 책 읽기 활동을 통해 독서 습관을 형성하게 한다.

아이에게 어떤 유산을 남겨줄지 고민하지 말고, 최고의 선물인 함께 책 읽기를 전해주길 바란다. 함께 읽기, 즉 낭독의 힘은 매우 강하다.

필사의 원리 : 손은 제2의 뇌다 - 베껴 쓰기의 위력

　필사(筆寫, 베껴 쓰기)란 책이나 텍스트 내용을 있는 그대로 옮겨 쓰는 독후 활동이다. 진북 7키워드 독서 토론 마지막에 필사를 하는데, 책을 읽다 보면 관심 있는 문장이나 대사에 자기도 모르게 밑줄을 긋게 된다. 나중에 다시 보기 위해서지만 사실 책을 다시 찾아보는 일은 많지 않다. 그래서 예쁜 필사 노트를 하나 마련해두고 독서 토론을 마칠 때마다 본문 내용 중 특히 마음에 와 닿은 문장이나 대사를 찾아 필사 노트에 적도록 한다. 되도록 독서 토론한 날짜, 책 제목, 함께 토론한 사람, 토론 리더 이름 등을 적고, 책 페이지를 적고 필사하고 싶은 구절을 적은 다음 그 구절이 특별히 와 닿은 이유도 써보도록 한다. 처음부터 많은 분량을 적도록 하면 필사에 흥미를 잃을 수 있으니 한 문장으로 시작해 서서히 늘려가는 것이 좋다.

　필사를 하면 좋은 점이 정말 많다. 먼저, 책을 쓴 저자의 생각 패턴을 읽을 수 있다. 대부분의 작가에게는 자신만의 고유한 생각 패턴이 있는데, 책을 그대로 옮겨 적다 보면 작가가 세상을 바라보는 시각이나 생각하는 방식 등을 엿볼 수 있다. 그래서 좋아하는 작가의 작품을 옮겨 적으면 작가의 생각을 공유할 수 있다. 작가가 사물이나 사건을 바라보는 눈, 사람을 대하는 태도, 삶을 바라보는 자세 등 섬세한 감성을 느낄 수 있는 것이다. 필사의 또 다른 좋은 점은 기억력을 향상시킨다는 것이다. 흔히 손을 '제2의 뇌'라고 부른다. 책 내용을 그냥 읽는 것에 비해 베껴 적으며 읽는 것은 기억력이나 이해력을 훨씬 크게 증가시킨다. 학창 시절 영어 단어를 암기할 때를 생각해보면 손이 보조 기억장치 역할을 한다는 것을 쉽게 이해할 수 있다. 영어 단어 철자를 쓰면서 외우면 손이 기억하고 있다가 정확한 철자를 써낸다.

필사의 또 다른 좋은 점은 효과적으로 정리할 수 있다는 것이다. 노트에 핵심 내용을 적다 보면 읽은 내용 전체를 조감하게 되어 내용을 체계적으로 기억할 수 있다. 문학작품의 경우 복잡한 내용을 기록을 통해 단순하게 요약·정리할 수도 있고, 비문학작품의 경우에는 목차에 따라 위계적으로 정리하면서 자연스럽게 오래 기억할 수 있게 된다. 그런데 요즘 아이들은 글씨 쓰기를 무척 힘들어한다. 그래서 학년이 올라가도 어쩌다 글씨를 써보면 삐뚤빼뚤하기 십상이다. 글씨를 제대로 알아볼 수 없는 경우에는 지필 시험에서 불이익을 당하기도 하기 때문에 엄마들이 아이의 글씨체 때문에 걱정하는 경우가 많다. 이런 고민도 독서 토론을 하면서 예쁜 노트에 한 문장 적기로 시작해 점차 분량을 늘려나가면서 지속적으로 훈련하면 많이 개선된다.

역사적으로도 필사를 통해 성공한 인물이 많다. 미국의 16대 대통령 에이브러햄 링컨은 성경 읽기, 워싱턴과 제퍼슨 대통령의 필체 베껴 쓰기로 성공한 입지전적 인물이다. 링컨은 어릴 때 책을 살 수 없을 정도로 가난해 친구에게 빌린 책을 그대로 베낀 다음 실로 묶어 공부했다고 한다. 이후 명연설문을 널빤지에 베껴 쓰며 암기를 거듭한 끝에 명연설을 하는 변호사가 되었고, 미국 대통령직에 오르게 되었다. 우리나라 조선 중기 대표 시인으로서 오언절구와 칠언절구의 대가로 알려진 백곡 김득신은 열 살 때 글을 배우기 시작할 정도로 우둔했다고 한다. 그의 서재는 책을 1만 번 이상 읽는다는 뜻으로 '억만재'라고 이름 지었는데, 수만 번을 읽어도 외워지지 않자, 만 번 이상 읽은 책만 베껴 썼다고 한다. 어릴 때 바보라고 놀림받았던 김득신이었지만 엄청난 독서와 베껴 쓰기를 통해 조선 최고의 시인으로 이름을 날리게 되었다.

토론의 원리 : 입으로 말할 수 없으면 모르는 것이다
- 토론으로 집단 지성 키우기

오늘날 사회가 요구하는 인재의 기준은 얼마나 많이 알고 있느냐가 아니라 논리력, 창의력, 리더십이 있느냐 여부다. 21세기는 모든 것이 빠르게 변하는 시대다. 이러한 시대에는 무수한 문제에 직면하게 된다. 결국 앞으로는 문제 해결 능력이 탁월한 사람이 인정받고 대우받을 것이다. 그렇다면 문제 해결 능력을 키우려면 어떻게 해야 할까? 바로 지식과 정보를 바탕으로 이해력과 사고력, 표현력, 논리력, 창의력, 리더십 등의 요소를 갖추기 위해 노력해야 한다. 그러한 요소의 중심에 '독서 토론'이 있다. 독서 토론을 유난히 사랑하는 유대인들은 '입으로 말할 수 없으면 모르는 것이다.'라고 한다. 한마디로 머릿속에만 있는 지식은 지식이 아니라는 뜻이다. 평범한 사람을 21세기 핵심 인재로 만드는 독서 토론의 장점에 대해 함께 알아보자.

첫째, 독서 토론은 이해력을 키워준다. 독서 토론을 통해 책을 읽고 그 책에 대해 이야기를 나누는 것이다. 당연히 그 책을 이해하지 못하면 제대로 된 생각을 표현할 수 없다. 그리고 독서 토론은 단순히 책을 읽고 혼자 소화하는 독서 훈련에서 벗어나 다른 사람의 생각을 들어볼 수 있기 때문에 이해의 폭을 넓힐 수 있다. 또 공부를 할 때 활용하는 교재는 대부분 문자화된 책이다. 즉 꾸준한 독서 활동을 통해 문자로 습득하는 지식과 정보에 익숙해진다면 자연스럽게 이해력도 향상될 것이다.

둘째, 독서 토론은 사고력을 키워준다. 사고력은 생각하는 힘을 말한다. 독서 토론을 위한 텍스트는 일반 책과는 달리 토론 참여자들이 생각하면서 읽을 수 있도록 구성되어 있다. 그리고 '질문 만들기'를 통해 책을 읽으며 의문을 품도록 유도하기 때문에 자연스럽게 사고력이 향상된다. 또 토론을 하려면 자신의 생각을 조리 있게 정리해서 발표해야 하기 때문에 자신도 모르게 논리적 사고력이 길러진다.

셋째, 독서 토론은 표현력을 키워준다. 독서 토론은 책을 읽고 형성된 지식과 관점, 가치를 바탕으로 자신의 생각을 말과 글로 표현하는 활동이다. 독서 토론을 꾸준히 하면 어떤 질문이 주어지더라도 자신의 생각을 정리해서 분명하고 자신 있게 말할 수 있다. 그리고 토론 활동을 통해 자신의 생각에 다른 사람의 생각을 더할 수 있어 글 양도 많아지고 내용도 알차게 된다.

넷째, 독서 토론은 논리력을 키워준다. 논리력이라는 것은 다른 사람을 이해시키고 설득하는 데 든든한 후원자가 된다. 논리력을 키우기 위해서는 자신의 생각을 뒷받침하는 확실한 근거와 이유를 찾는 훈련을 해야 한다. 독서 토론에서는 '책을 읽은 사람만 토론에 참여할 수 있고, 책에 나와 있는 내용만 이야기할 수 있다.'는 규칙이 주어지기 때문에 책 내용에서 근거를 찾게 된다. 그리고 토론 리더와 참여자들이 그 근거의 명확성에 대해 후속 질문과 피드백을 하기 때문에 좀더 설득력 있는 논거를 대기 위해 노력하게 되고, 이를 통해 말과 글에 힘이 실린다.

다섯째, 독서 토론은 창의력을 키워준다. 창의력은 새로운 생각을 하는 힘을 말한다. 새로운 생각을 하기 위해서는 다양하고 풍부한 지식을 갖추어야 한다. 결국 꾸준한 독서 활동을 통해 지식을 쌓아야 새로운 생각을 할 수 있는 것이다. 그리고 혼자 생각하는 것보다는 다른 사람과 함께 생각할 때 새로운 생각을 하는 기회를 더욱 많이 얻을 수 있다. 또 독서 토론을 통해 생각하는 힘이 커지면 창의력도 향상된다.

여섯째, 독서 토론은 리더십을 키워준다. 리더십이란 다른 사람을 개인이나 조직이 원하는 방향으로 이끄는 힘을 말한다. 사람들의 몸과 마음을 움직이기 위해서는 사람들 앞에서 분명하고 자신 있게 자신의 생각을 표현함으로써 사람들에게 믿음과 확신을 심어주는 것이 기본인데, 독서 토론을 통해 이러한 능력을 키울 수 있다. 또 독서 토론에 참여하는 사람들은 토론 리더를 통해 토론을 효율적으로 이끄는 방법을 배우며, 리더의 역할이 점차 줄어들고 토론 참여자들이 주도적으로 토론 활동을 수행하게 함으로써 토론 리더의 자질을 키우고, 이를 통해 리더십을 향상시킬 수 있다.

일곱째, 독서 토론은 올바른 독서 습관과 태도를 길러준다. 21세기를 '지식 정보화 시대', '평생 학습의 시대'라고 한다. 즉 원하든 원치 않든 태어나서 죽을 때까지 공부를 해야 하는 시대가 온 것이다. 이런 시대에 살면서 지식과 정보를 습득하기 위한 최고의 도구인 책을 가까이하는 습관을 기르는 것은 급변하는 시대에 느긋한 마음으로 함께할 수 있는 절친을 얻는 것과 같다.

독서 토론은 말하기, 듣기, 읽기, 쓰기 등 커뮤니케이션 수단을 활용해 지식, 사고력, 논리력, 창의력, 사회성을 키워준다. 이미 선진국에서는 오래전부터 이러한 방식을 채택해 큰 효과를 보고 있다. 대한민국, 아니 세계를 이끌어갈 21세기 핵심 인재에게 꼭 필요한 한 가지를 소개한다면 독서 토론만큼 좋은 활동이 없을 것이다.

'진북 하브루타 독서 토론'은 무작정 많이 읽기만 하는 것이 아니라, 올바른 방법으로 읽은 후 베껴 쓰기, 설명하기, 토론하기 등 독후 활동으로 책의 핵심 내용을 자기 것으로 만들어 스스로 자기를 계발하는 방법을 알려준다. 다양한 독후 활동을 통해 개인적으로 얻을 수 있는 여러 효과와 함께 가정이나 학교에서 아이들을 크게 성장시키는 최고의 교육법이 될 것이다.

기억의 원리 : 뇌는 한번 읽은 내용을 오래 기억하지 못한다
- 자연스럽게 일곱 번 반복하자

성공적으로 공부하는 사람들이 가장 중요하게 생각하는 시간이 있다고 한다. 공부하는 시간, 잠자는 시간, 자투리 시간 등도 중요하지만 가장 중요한 시간은 '즉시(卽時, 곧/금방)'다. 즉시 공부하면 뭐가 좋을까? 잊어버리지 않으니 기억을 잘할 수도 있고, 미루지 않으니 중요한 일을 놓치는 일도 없을 것이다.

어릴 때부터 배운 즉시 공부하라는 말을 부모님과 선생님께 많이 들어봤을 것이다. 그런데 왜 그렇게 해야 하는지 설명해주는 사람은 없었다. 지금부터 '자연적 기억 원리'를 바탕으로 그 이유를 명쾌하게 밝혀보자.

가장 기본적인 기억 원리로 독일의 심리학자 헤르만 에빙하우스의 '망각곡선 이론'이라는 것이 있다. 한 번쯤은 들어봤을 만한 내용인데, 핵심은 사람이 뭔가 배운 후 시간이 지나면서 잊어버린다는 것이다. 어찌 보면 너무나 당연한 것 같은 상식에 의문을 갖고 연구를 하는 사람이 과학자나 심리학자다.

에빙하우스는 몇 가지 실험을 통해 보통 사람이 어떤 내용을 배우고 나서 1시간이 지나면 50%, 하루가 지나면 60%, 일주일이 지나면 70%, 한 달이 지나면 80% 정도 잊어버린다는 것을 알게 되었다. 한 대학생이 이 사실을 알고 금붕어의 기억력보다 자신의 기억력이 나을 게 없다면서 한숨을 쉬기도 했다.

대부분의 사람들이 이 정도까지 아는 것으로 만족하고 만다. 사람은 이렇게 잘 잊어버리는 '망각의 동물'이기 때문에 열심히 복습을 해야 한다는 의지를 다진다. 간혹 어차피 잊어버릴 건데 공부를 해서 뭐하냐는 부정적인 생각을 하는 사람도 있다. 하지만 여기서부터가 진짜 중요하다. 의지만으로는 실제 공부를 할 때 부딪치는 수많은 상황 속 변수를 극복하기는 어렵기 때문이다. 그러므로 좀 더 조직적, 체계적으로 정교하게 정리된 방법이 필요하다.

에빙하우스는 연구를 통해 '5회 이상의 주기적 반복'을 하면 망각을 이기고 기억을 잘할 수 있다는 사실을 밝혀냈다. 이런 내용이 100년이 지난 지금까지도 적용되기 때문에 '자연적 기억 원리(사람이 어떤 것을 효과적으로 기억할 때 활용하는 원리)'라고 부른다.

그렇다면 어떤 주기가 효과적일까? 일반적으로 배운 직후 1시간 이내, 1일(24시간) 이내, 일주일 이내, 15일(보름) 이내, 1개월 이내에 주기적으로 다섯 번 반복하는 것이 좋다. 이러한 시점에 우리 뇌에서 망각이 많이 일어나기 때문이다. 그럼 다섯 번 중에서도 언제가 가장 효과가 좋을까? 바로 첫 번째, 배운 직후 1시간 이내다.

앞에서 성공적으로 공부하는 사람들이 가장 중요하게 생각하는 시간을 즉시라고 했다. 즉시가 중요한 이유는 바로 이러한 자연적 기억 원리를 바탕으로 한 뇌의 특성 때문이다. 배운 직후 1시간은 망각이 짧은 시간 동안에 많이 일어나지만, 금방 배웠기 때문에 기억이 가장 생생할 때이기도 하다. 따라서 공부하는 사람에게 하루 24시간 중 가장 중요한 황금 시간대는 바로 '배운 직후 1시간 이내'라고 할 수 있다.

만약 에빙하우스의 망각곡선 이론을 바탕으로 여기까지 생각을 확장할 수 있다면 상당한 수준이라고 할 수 있다. 하지만 결심과 실천이 다른 차원의 문제이듯, 이론과 실제도 차원이 다르다고 할 수 있다. 이런 기억의 원리를 실제 공부할 때 적용하려면 구체적인 학습법이 있어야 한다. 황금 시간대인 '배운 직후 1시간 이내'를 활용하기 위해 개발된 것이 바로 '5분 학습법'이다.

5분 학습법은 뭔가를 배우고 난 후(보통 수업 후), 쉬는 시간 10분 중 5분을 할애해 전 시간에 배운 내용 중 핵심 사항을 중심으로 복습하는 공부 방법을 말한다. 5분 학습법은 쉽고 간단해 보이지만 효과는 탁월해서 여러 학습법 중에서도 가장 강력하게 추천하는 방법이다. 사실 5분 학습법 하나만 잘 실천해도 공부에 대한 고민을 크게 줄일 수 있을 것이다.

그런데 보통 사람들이 공부할 때 이런 원리가 전혀 반영되지 않는다. 뭔가를 배우고 나서 복습을 하지 않는 경우가 많고, 복습을 하더라도 뇌가 싫어할 때나 다 잊어버린 뒤에 하는 경우가 많다. 기억은 '타이밍'이라고 할 수 있다. 5분 학습법을 활용하면 뇌가 학습 내용을 스펀지처럼 빨아들여 저장한다. 하지만 그 외의 시간에는 상대적으로 학습 효율이 떨어져 뇌가 기억에 거부반응을 일으킨다. 5분 학습법을 실천하는 것만으로도 뇌와 친해질 수 있다.

한 가지 보너스 정보가 있다. 기억력을 높이기 위한 1순위 황금 시간대가 '배운 직후 1시간 이내'라면 2순위는 '잠들기 전 30분 동안'이다. 우리가 공부한 내용을 잘 기억하지 못하는 이유는 시각적, 청각적 방해 요인으로 인한 '간섭 효과' 때문이다. 하루 24시간 중 간섭 효과가 없는 유일한 시간이 바로 잠자는 시간이다. 따라서 잠들기 전 30분 동안 공부를 하고 바로 잠을 자면 훨씬 오래 기억할 수 있다. 잠들기 전에 공부할 때는 새로운 내용보다는 낮에 공부한 내용 중 중요한 부분을 중심으로 복습하는 것이 좀 더 효과적이다.

'배운 직후 1시간 이내'와 '잠들기 전 30분 동안'의 특성을 반영한 '5분 학습법'과 '30분 학습법'을 잘 활용한다면 1시간 미만의 공부로 3시간 이상 공부한 효과를 거둘 수 있을 것이다. 이런 효과가 바로 학습법의 진정한 힘이다.

진북 하브루타 독서 토론은 기억과 학습의 원리에 바탕을 두기 때문에 책을 읽고 7키워드로 토론을 하기만 해도 자연스럽게 책 내용을 일곱 번 이상 반복하게 된다. 토론 후 소감 나누기 시간에 평소와는 달리 책 내용이 잘 기억난다고 얘기하는 사람이 많은 것도 이런 이유 때문이다.

책의 종류에 따른 독서법 원리
: 책의 종류에 따라 독서 방법이 달라져야 한다

서점이나 도서관에 가면 독서법에 관련된 책이 수백 권이나 된다. 아마 지금도 어딘가에서 독서법 관련 책이 출간되고 있을 것이다. 독서를 좀 더 효과적으로 하고 싶은 사람이 그만큼 많다는 증거다. 그런데 독서법 관련 책을 열심히 읽고, 강의에 적극적으로 참여해도 여전히 속 시원한 해답을 찾지 못한다. 그래서 신간이 나오면 '혹시나' 하는 마음에 책을 살펴보지만 '역시나' 하고 실망하고 만다. 과연 무엇이 문제일까?

독서법에 대한 궁금증을 확실히 해결하려면 '책의 종류와 읽는 목적에 따른 독서법'을 알아야 한다. 일반적으로 독서법이라고 하면 속독과 정독, 통독과 윤독, 발췌독 등 책을 읽는 과정에서 효과적인 방법을 주로 다룬다. 그런데 우리가 책을 읽고 나서 기억나는 게 없고, 필요할 때 제대로 활용하지 못하는 가장 큰 이유는 책을 '한 번만' 읽기 때문이다.

기억과 학습의 원리에서 헤르만 에빙하우스의 망각곡선 이론을 설명하면서 망각을 이기고 기억을 잘하려면 주기적으로 5회 이상 반복해야 한다고 강조했다. 문학이든 비문학이든 책도 다섯 번 이상 읽어야 기억을 잘할 수 있다. 그렇다면 이런 본질적인 문제 해결 방법이 있는데도 현상에 초점을 맞춘 독서법 관련 책이 계속 쏟아지는 이유는 무엇일까? 결국 두 번 이상 보기는 싫으니 한 번만 보면서도 효과를 얻는 방법을 찾으려는 허황된 욕심 때문이 아닐까? 그런 욕심으로 독서법을 찾으니 아무리 열심히 해도 결국 제자리로 돌아오는 것이다. '세 가지 독서의 종류'만 알면 앞으로 독서법 관련 책을 더 이상 찾지 않아도 될 것이다.

독서의 종류는 '취미 독서와 교양 독서, 수험 독서' 등 크게 세 가지로 나눌 수 있다. 첫째, 취미 독서는 재미와 감동을 얻기 위해 소설이나 에세이 등 문학을 읽는 것을 말하며, 보통 속독(빨리 읽기)과 통독(훑어 읽기)을 많이 활용한다. 둘째, 교양 독서는 지식과 정보를 얻기 위해 실용서나 자기 계발서 등 비문학을 읽는 것을 말하며, 보통 정독(정확히 읽기)과 밑줄 긋기를 활용한다. 셋째, 수험 독서는 시험을 잘 보기 위해 교과서나 참고서 같은 수험서를 공부하는 것을 말하며, 정독과 밑줄 긋기를 바탕으로 5회 이상 반복한다.

그렇다면 왜 독서법을 활용하면서도 효과를 보지 못하는 것일까? 바로 책의 종류와 읽는 목적이 방법과 맞지 않기 때문이다. 예를 들어 시험공부를 위해 수험서를 보면서 속독을 활용하면 이해와 암기를 완벽하게 해내기 어렵고, 리포트를 쓰기 위해 자료를 참고하면서 정독과 밑줄 긋기를 활용하면 제한 시간 내에 과제를 수행하기 어렵다. 결국 책의 종류와 목적에 적합한 독서법을 잘 선택하기만 하면 어떤 책이든 효과적으로 읽을 수 있다.

앞에서 기억을 잘하려면 다섯 번 정도의 반복이 필요하다고 했다. 그런데 이 또한 너무나 당연한 말이다. 다섯 번이 아니라 열 번, 스무 번 등 많이 하면 할수록 기억에 유리하다는 것은 삼척동자도 안다. 하지만 다섯 번 반복하는 것이 말처럼 쉽지 않다. 어떻게 하면 책을 읽을 때 '다섯 번 반복'을 실천할 수 있을까?

우선 왜 다섯 번 반복하는 것이 어려운지부터 알아야 한다. 그 이유는 뇌의 특성 때문이다. 앞서 뇌는 새로운 것을 받아들이는 건 좋아하지만 아는 것을 반복하는 걸 싫어한다고 했다. 그래서 2~3번 반복하면 뇌에서 거부반응을 일으키고 '귀찮고 하기 싫으면서 짜증 나는' 느낌이 든다. 이런 뇌의 특성을 인정하면서도 뇌가 싫어하지 않도록 반복하려면 같은 내용을 반복하되 뇌가 새로운 대상이라고 느끼도록 살짝 착각하게 만들면 효과적이다.

수험서를 읽을 때 가장 좋은 방법은 교과서나 참고서 등 같은 책을 다섯 번 보는 것이다. 그런데 인내심이 강한 사람이 아니면 이런 방법을 실천하기가 쉽지 않다. 그래서 뇌의 특성을 고려해 대상을 바꿔가면서 다섯 번 반복하는 것이 효과적이다. 예를 들면 교과서, 참고서, 문제집, 노트, 프린트물 등이다. 대상은 바뀌었지만 중요한 핵심 내용의 80% 정도는 공통적으로 들어 있다. 따라서 뇌가 지루하지 않게 여러 번 반복할 수 있다.

비문학 서적을 읽을 때 좋은 방법은 통독과 정독, 필사와 서머리, 카페나 블로그 등록 등 다양한 방식을 활용하는 것이다. 이렇게 책을 읽고 나서 다양한 활동을 하면 자연스럽게 책 내용을 여러 번 반복할수 있다. 그런데 이런 방법의 원조가 철학자 데카르트라는 사실을 아는가?

르네 데카르트가 남긴 명언 중 "이 세상에 존재하는 수학 문제를 모두 풀었다. 이 세상에 존재하는 책을 모두 읽고 이해했다. 누군가 이해했다면 내가 이해하지 못할 지식은 없다."라는 말이 있다. 어찌 보면 자신감이 넘치다 못해 교만하기까지 한 말인데, 그는 실제로 이 말처럼 살았다. 어떻게 그럴 수 있었을까?

지금부터 인류의 학습 비밀을 공개한다.

데카르트는 책을 읽을 때 '통독, 정독, 체독'으로 이어지는 3단계 독서법을 활용했다.

"처음 읽을 때는 소설을 읽듯 쉬지 말고 읽는다(통독). 두 번째 읽을 때는 더욱 천천히 읽고 어려운 부분은 연필로 표시를 해가며 읽는다(정독). 세 번째 읽을 때면 앞서 표시한 어려운 부분의 해답을 스스로 발견하게 될 것이다(체독)."

보통 사람은 다섯 번 정도의 반복이 필요하다고 했는데, 데카르트는 세 번 반복하는 것만으로도 모든 책을 이해했다고 하니 그의 능력이 비범함을 알 수 있다. 하지만 능력이 조금 부족하다면 다섯 번이 아니라 그 이상 반복하면 되지 않겠는가? 중요한 것은 될 때까지 반복하는 것이다.

문학 서적을 읽을 때는 묵독과 낭독, 토론과 필사, 글쓰기 등 다양한 독후 활동을 하는 것이 좋다. 이런 활동을 하면 재미있고 즐거우면서도 효과적으로 다섯 번 이상 볼 수 있다. 그리고 기억하려고 노력하지 않더라도 자연스럽게 책 내용이 머릿속 깊숙이 자리 잡는 놀라운 경험을 하게 된다. 분야에 따라 세 가지 방법을 각각 적용하는 것이 제일 좋지만 한 가지 방법으로 다양한 책을 효과적으로 읽으려면 '진북 하브루타 독서 토론' 같은 독후 활동법을 추천한다. 문학과 비문학, 인문 고전과 수험서 등 어떤 책이든 비슷한 프로세스로 진행할 수 있기 때문이다.

인지 방법과 성격 유형에 맞는 독서법 원리
-사람마다 지식을 습득하는 방법이 다르다

사람들이 학습 내용을 인지하는 방법은 크게 시각, 청각, 운동감각 등 세 가지로 나뉜다. 한 그룹을 30명이라고 했을 때 3분의 2는 이 세 가지 인지 방법을 고르게 사용하지만 20% 정도는 어느 한쪽에 치우친 집중 성향을 보이며, 이 중 학습장애를 일으키는 사람은 7% 정도라고 한다.

시각적 학습자는 "좋게 보이는데?"같이 눈과 관련된 말을 많이 하는 편이며, PPT나 판서, 프린트물 등 시각 자료를 활용한 수업을 잘 이해한다. 청각적 학습자는 "좋게 들리는데?"같이 귀와 관련된 말을 많이 하는 편이며, 설명을 많이 하는 수업을 좋아한다. 운동감각적 학습자는 "해보면 좋겠는데?"같이 행동과 관련된 말을 많이 하는 편이며, 실험이나 체험 중심의 수업을 선호한다.

일상에서도 이런 성향이 드러나는데, 예를 들어 택배로 배달된 가전제품을 조립해야 할 때 시각적 학습자는 설명서부터 보고, 청각적 학습자는 A/S 센터에 전화를 걸며, 운동감각적 학습자는 드라이버부터 찾아서 조립한다.

사실 교육 현장에서 인지 방법의 차이를 고려해 다양한 수업 방식을 적용하면 좋겠지만 현실은 그렇지 못하다. 그래서 특정 방식을 선호하기 때문에 수업을 잘 이해하지 못하는 사람이 있다면 그 사람의 인지 방법에 맞는 보충 학습을 해주어야 한다. 쉽게 학습 부진이라고 생각되는 사람 중 인지 방법과 수업 방식의 차이 때문에 교육 성과가 낮게 나타나는 사람이 상당수일 것이라 예상된다. 그런 사람들에게는 이러한 보충 학습이 가뭄 끝에 만나는 단비처럼 느껴질 것이다. 인지 방법을 알면 학습 효과뿐 아니라 상대방을 이해하는 능력도 높아지므로 인간관계를 풍요롭게 하는 데도 도움이 된다.

책을 읽을 때도 인지 방법을 고려해 다양한 사람들의 기대를 충족시키면 어떨까? 시각적 학습자를 위해 텍스트도 읽고, 청각적 학습자를 위해 공감적 경청도 하며, 운동감각적 학습자를 위해 참여식 토론이나 발표도 하는 것이다. 독서법이라고 해서 꼭 책상에 앉아 조용히 읽기만 하란 법은 없다. 자신이 선호하는 인지 방법을 고려해 좀 더 적극적인 방법을 활용하는 것이 좋다.

성격 유형이라고 하면 MBTI나 DISC, 에니어그램 등 성격을 분석하는 진단 검사를 떠올릴 것이다. 그런데 이러한 것들은 좋기는 하지만 이해하기 어렵다는 단점이 있다. 쉽고 간단하게 성격 유형을 이해할 수 있도록 세 가지 유형(이성형, 감성형, 행동형)으로 분류한 것이 있어 소개하고자 한다.

이성형은 머리의 지식 에너지를 주로 쓰고, 지식과 정보가 최고라는 생각을 갖고 있다. 뭔가를 결정할 때는 논리적으로 근거를 따져 이성적으로 판단하는 편이며, 꼼꼼히 분석해보고 '되면 한다.'는 주의다. 감성형은 가슴의 감정 에너지를 주로 쓰고, 사람과 인맥이 최고라는 생각을 한다. 뭔가를 결정할 때는 느낌에 근거해 감성적으로 판단하는 편이며 '분위기가 되면 한다.'는 주의다. 행동형은 아랫배 부근의 본능적인 에너지를 주로 쓰고, 몸과 힘이 최고라는 생각을 갖고 있다. 행동형은 앞뒤 재지 않고 '일단 한번 해보자.'는 주의다.

이해를 돕기 위해 좀 더 세부적인 내용을 살펴보자. 이성형은 스킨십과 육체노동을 하면 에너지가 방전되고, 잠을 자거나 혼자만의 시간을 가질 때 에너지가 충전된다. 감성형은 사람들이 자신에게 무관심하거나 외톨이라고 느끼면 방전되고, 수다를 떨거나 스킨십을 하면 충전된다. 행동형은 두뇌 노동이나 복잡한 일을 하면 에너지가 방전되고, 식사를 하거나 운동을 하면 에너지가 충전된다. 이성형은 조용하고 차분하다는 말을 많이 듣고, 따로 놀기를 좋아한다. 감성형은 애교가 많고 붙임성이 좋다는 말을 많이 듣고, 다른 사람과 한 가지를 함께 하면서 놀기를 좋아한다. 행동형은 어른스럽고 듬직하다는 말을 많이 듣고, 자신이 리더가 될 수 있는 놀이를 선호한다.

기본적인 성격 유형의 이해를 바탕으로 선호하는 교육 방식을 적용하면 좋다. 이성형의 경우 논리적으로 따지는 것을 좋아하므로 개념과 원리를 이해시키는 쪽으로 접근해야 하고, 노트 필기나 플래너 작성 등의 학습 도구를 추천하는 것이 좋다. 감성형의 경우 기분을 좋게 하기 위해 칭찬과 격려를 많이 해주고, 함께 할 수 있는 암기 카드를 학습 도구로 선택하는 것이 좋다. 행동형의 경우 솔선수범해서 보여주고 목표를 분명하게 정한 후 적절한 보상을 해주는 것이 효과적이며, 스톱워치를 학습 도구로 활용하면 효과적이다.

일반적으로 이성형은 텍스트를 통해 배우고, 감성형은 사람을 통해 배우며, 행동형은 체험을 통해 배운다. 배우는 방식이 다를 뿐 어떤 유형이든지 배우고 있는 것이다. 단순한 책 읽기는 이성형이 선호하는 방식이다. 감성형과 행동형은 질문과 대화, 토론과 발표 등 서로 소통하고 협력하면서 배우는 방식을 선호한다. 그렇다면 자녀는 어떤 유형에 해당될까? 아이마다 학습자 유형이 다를 수 있으므로 어떤 유형이든 효과를 볼 수 있도록 다양한 읽기와 토론 방법을 활용하는 것이 좋다.

진북 하브루타 독서 토론에는 인지 방법과 성격 유형의 원리가 반영되어 있다. 따라서 자녀가 어떤 유형이든 원하는 성과를 얻을 수 있도록 다양한 방식을 적용할 수 있다. 아이들의 인지 방법이나 성격 유형이 같다면 가장 좋겠지만 서로 다를 경우 학습자 유형에 맞는 교육 방식을 선택하는 것이 좋다. 자신의 학습자 유형에 따른 방식을 선택하는 것만으로도 만족도를 크게 높일 수 있을 것이다.

동서양 융합의 원리 - 동서양 공부 문화에는 각각 장점이 있다

KBS 프라임 다큐멘터리 〈공부하는 인간〉 5부작과 출연자 힐 마골린이 쓴《공부하는 유대인》의 영향으로 유대인의 공부법과 자녀 교육법에 대한 관심이 커지면서 언론과 방송에서도 하브루타를 많이 다루었다.

문화의 핵심 코드인 공부 방식은 삶의 방식과 가치관, 교육관, 평가 방식(시험)을 반영한다. 동양식 공부의 핵심은 혼자 사색과 성찰을 통해 완벽한 이해와 암기를 하는 것이다(솔로 학습법). 서양식 공부의 핵심은 두 사람 이상이 대화와 토론을 통해 자신만의 의견을 만드는 것이다(파트너 학습법).

즉 동양인의 공부 목적은 '보편적 가치의 습득'인 반면 서양인의 공부 목적은 '개인의 성장과 발전'이다. 방송과 책을 접하면서 동서양 공부 방식의 장점을 종합적으로 적용한 통합 독서 학습법이 필요하다는 생각이 들었다. 고민하다 보니 동서양의 공부 문화를 아우르는 새로운 독서 지도의 패러다임을 제시해야겠다는 생각에 이르렀다. 서상훈 소장은 2008년부터 '천재 독서법'을 주제로 책과 강의를 통해 낭독과 필사, 토론의 중요성을 강조해왔다. 그러다 2014년 유현심 대표와 진북 하브루타를 정식 론칭하면서 기존에 해온 방식에 '질문'의 비중을 좀 더 늘리고, 1:1 찬반 하브루타 방식을 고안해 '한국형 하브루타 진북 독서 토론'으로 업그레이드했다. 진북 하브루타에는 동서양 공부 방식의 장점이 모두 녹아 있다.

진북 하브루타 독서 토론에서 동양식 공부 방식은 토론 전에 텍스트를 읽을 때 적용한다. 책을 읽는 목적과 책의 종류에 따라 취미 독서(통독)와 교양 독서(정독), 수험 독서(정독+5회 반복)를 활용한다. 서양식 공부 방식은 다양한 독후 활동을 하면서 적용한다. 역할극(낭독)과 경험 나누기, 질문 나누기(재미, 궁금, 중요, 메시지), 필사, 비판적 글쓰기 등을 통해 자연스럽게 작가의 생각과 자신의 생각, 다른 사람의 생각을 아울러 자신만의 의견이 생기면서 깊이 있는 사고력이 길러진다. 이렇게 동서양 공부 방식의 장점을 적용한 새로운 독서 지도 방법인 진북 하브루타 독서 토론은 재미있으면서도 이해와 암기에 탁월한 효과를 발휘해 많은 사람들의 성장에 큰 도움을 주고 있다고 자부한다.

학습 역삼각형의 원리 - 남을 가르치는 방식이 가장 효과 있다

1946년 에드거 데일이 만든 경험 역삼각형을 기초로 브로스 하일랜드가 고안한 '학습 역삼각형'이란 것이 있다. 이것을 보면 우리가 왜 학교를 10년 넘게 다녀도 별다른 정보를 기억하지 못하는지, 책을 읽어도 기억나는 것이 별로 없는지 알 수 있다.

학습 역삼각형에 따르면 뭔가를 배우고 나서 2주 후 우리가 기억하

학습 역삼각형		
2주 후 우리가 기억하는 경향		개입의 형태
우리가 말하고 행동한 것의 90%	실제 경험	
	실제 경험 시뮬레이션 ←	능동적 ─○ 4
	극적인 구성을 통한 연기	
우리가 말한 것 70%	이야기하기	
	토론 참여 ←	─○ 3
우리가 보고 들은 것의 50%	실제로 이루어지는 것을 보기	
	시연하는 것을 보기	
	전시된 것을 보기	
	영상 보기	수동적
우리가 본 것의 30%	사진 보기	
우리가 들은 것의 20%	말하는 것을 듣기 ←	─○ 2
우리가 읽은 것의 10%	읽기 ←	─○ 1

는 정도는 학습 방법에 큰 영향을 받는다. 읽으면 10%, 들으면 20%, 보면 30% 기억하고, 영상이나 실제 상황을 통해 보고 들으면 50% 정도 기억할 수 있다. 이야기나 토론을 통해 말하면 70%를 기억할 수 있고, 실제 경험이나 시뮬레이션, 역할극을 통해 말하고 행동하면 90% 이상 기억할 수 있다.

그런데 학교에서 지식을 전달하는 대표적인 방법이 바로 가장 비효율적인 학습 방법인 혼자 읽는 것과 강의를 듣는 것이다. 학습 효과와 기억률을 높이려면 시뮬레이션이나 게임을 활용해야 한다. 이런 방식의 가장 큰 장점은 실수를 통해 경험을 쌓고, 거기에서 깨달음을 얻을 수 있다는 것이다.

학습 역삼각형을 고려한다면 단순히 읽는 것에 그치는 독서법보다는 질문과 대화, 토론과 발표 등 말하고 행동하는 방식을 적용한 독후활동법이 좀 더 효과적이라는 것을 알 수 있다. 이제 독서법에 대한 패러다임도 바꾸어야 할 때가 온 것이다.

한국형 진북 하브루타 독서 토론은 토론 거리와 생각 거리가 많은 쉬운 텍스트로 부담 없이 시작해 독서와 친숙하게 해주고, 단계별로 난도를 높여가면서 책뿐 아니라 우리 문화에서는 익숙하지 않았던 질문, 대화, 토론, 논쟁 등으로 서서히 심화시켜나가는 방식으로 이루어져 수개월 뒤에는 책과 친해져 있는 스스로를 발견하게 해준다.

아이가 꿈을 꾸도록 하려면 엄마, 아빠부터 꿈을 꾸어야 하고, 아이가 책을 좋아하고 독서 활동을 즐기게 하려면 부모부터 독서 활동, 즉 독서 토론 모임에 참여하는 것이 좋다. 독서 토론 동아리 활동을 통해 엄마들의 생각과 행동에 작은 변화가 생기면 가정에서도 독서 토론이 이루어져 아빠와 아이들도 바뀔 것이고, 학교와 도서관, 지역사회에도 긍정적인 영향을 미칠 것이다.

진북 하브루타 독서 토론으로 대한민국 행복 학습이 시작되길 바란다. 성과 위주, 주입식, 암기식으로 병든 우리나라 교육 문화라는 커다란 바윗돌에 '한국형 하브루타 진북 독서 토론'이라는 작은 물방울이 서서히 스며들어 진정한 자아의 모습, 자신만의 북극성을 찾는 교육으로 바뀌어나가기를 소망한다.

창의적 사고력의 원리
: 발산적 사고력과 수렴적 사고력을 모두 키워라

2016년 인간과 기계가 맞붙은 세기의 바둑 대결에서 구글의 인공지능 알파고가 한국의 이세돌 9단과 세계 1위 중국의 커제 9단을 잇달아 꺾으면서 전 세계는 충격에 휩싸였다. 그리고 반대급부로 인공지능이 범접할 수 없는 인간의 창의성에 더 큰 관심을 갖게 되었다. 인간 최고수를 3점 접바둑 수준으로 만들어놓고 유유히 바둑계를 떠난

알파고의 뒷모습을 씁쓸하게 바라보면서 창의성 계발 방법에 대해 생각해봤다.

레오나르도 다빈치와 윌리엄 셰익스피어, 요한 볼프강 폰 괴테, 미켈란젤로, 아이작 뉴턴, 알렉산더 대왕, 알베르트 아인슈타인의 공통점은 무엇일까? 바로 인류 역사상 가장 창의성이 뛰어난 천재를 꼽아보라고 했을 때 늘 몇 손가락 안에 드는 사람들이란 것이다. 창의성(創意性, creativity)이란 '새로운 생각이나 개념을 찾아내거나 기존에 있던 생각이나 개념을 새롭게 조합함으로써 전통적인 사고방식에서 벗어나 독창적이고 유용한 산출물을 생성해내는 능력'을 뜻한다.

미국의 심리학자 길포드(Guilford)는 《교육의 함축과 창조적인 지식》에서 창의성 요인을 여덟 가지로 제시했다. 문제에 대한 민감성(Sensitivity to Problems), 사고의 융통성(flexibility), 사고의 독창성(Novelty of Ideas), 정신적 융통성(Flexibility of Mind), 종합 분석적 능력(Synthesizing and Analyzing Ability), 재정의나 재구성력(A Factor Involving Reorganization or Redefinition), 개념 구조의 복잡성(The Complexity of Conceptional Structure), 평가 능력(Evaluation Ability) 등이다.

심리학자 토런스(Torrance)도 《창조성》에서 창의성이 높은 아이들의 여덟 가지 특징을 제시했다. 창의적인 아이들은 과제에 깊이 몰두하고, 가난해도 생기발랄하며, 권위 있는 의견에 의문을 제기하고, 사물에 대한 세밀한 관찰력이 있으며, 관련이 없는 것들을 연관 짓고, 새로운 발견에 흥분하며, 통찰력 있는 질문을 하고, 깨달음을 통해 스스로 지혜를 얻는다.

세계영재학회 회장이자 독일 하노버 대학교 교수인 클라우스 우르반은 창의성의 구성 요소를 여섯 가지로 정리했다. 독창성, 융통성 등 '확산적 사고력', 기억력, 논리적 사고력, 분석력 등 '지적 능력', '특정 분야에 대한 구체적인 지식과 기술', '집중력과 끈기', '호기심과 의사소통 능력', '위험에 대한 대처 능력과 유머 감각' 등이다.

한편 한국교육개발원은 창의력을 사고 기능과 사고 성향으로 나누고, 사고 기능으로 유창성, 융통성, 독창성, 정교성을, 사고 성향으로 호기심, 민감성, 자발성, 근면성, 개방성을 하위 요소로 포함시키고 있다.

최근에는 창의성을 '창의적 사고'로 통합하고, 이를 다시 '발산적 사고(Divergent Thinking, 다양한 아이디어를 창의적으로 생성해내는 사고 유형)'와 '수렴적 사고(Convergent Thinking, 제안된 아이디어 가운데 가장 바람직한 아이디어를 찾는 사고 유형)' 등 두 가지로 나누어 설명하는 것에 많은 사람들이 공감하고 있다. 발산적 사고(생각 펼치기)에는 유창성과 융통성, 민감성, 독창성, 유추성 등이 포함되고, 수렴적 사고(생각 모으기)에는 정교성과 논리성, 비판성, 분석성, 종합성 등이 포함된다.

서양인들이 개인의 성장과 발전을 위해 대화와 토론으로 자신만의 의견을 만드는 것은 발산적 사고에 해당한다고 할 수 있고, 동양인들이 보편적 가치를 습득하기 위해 사색과 성찰로 완벽한 이해와 암기를 하는 것은 수렴적 사고의 예라고 할 수 있다. 배움의 7단계에서 듣기와 읽기, 연구 분석 등은 수렴적 사고에 해당하고, 말하기와 쓰기, 가르치기 등은 발산적 사고에 해당하며, 저술과 창작은 수렴적 사고와 발산적 사고가 혼재하는 창의적 사고에 해당한다고 할 수 있다.

'유창성'은 어떤 문제에 대해 가능한 한 많은 생각을 할 수 있는 능력이고, '융통성'은 관점이나 시각을 바꿔서 다양한 해결책을 찾아내는 능력이며, '민감성'은 다른 사람은 그냥 지나칠 일에도 예민하게 반응하는 능력이고, '독창성'은 엉뚱하다는 얘기를 들을 정도로 독특한 생각을 하는 능력이며, '유추성'은 특정 대상을 다른 것과 연관 지어 생각하는 능력이다. '정교성'은 생각을 치밀하게 다듬고 정리하는 능력이고, '논리성'은 근거를 바탕으로 일관성 있게 생각하는 능력이며, '비판성'은 다른 사람의 생각과 자신의 생각을 비교하는 능력이다. '분석성'은 복잡한 현상을 여러 개의 작은 부분으로 나누어 생각하는 능력이고, '종합성'은 자신의 생각과 다른 사람의 생각을 하나로 모아서 합치는 능력이다.

진북 하브루타 독서 토론은 발산적 사고력과 수렴적 사고력을 종합적으로 키워주기 때문에 창의적 사고력 향상에 탁월하다. 주제와 관련해 가능한 한 많은 질문을 만들 때 유창성을 키울 수 있고, 주제에 대해 다른 관점으로 생각하는 활동을 통해 융통성을 키울 수 있으며, 재미있는 부분을 찾아보는 활동을 통해 민감성을 키울 수 있고, 토론 멤버 중 엉뚱한 말을 하는 사람을 통해 독창성을 키울 수 있으며, 주인공과 비슷한 경험에 대해 생각해보는 활동을 통해 유추성을 키울 수 있다. 1:1 찬반 토론을 할 때 상대방을 설득하기 위해 생각을 정리하면서 정교성을 키울 수 있고, 해석적 질문을 만들고 핵심 해석적 질문을 뽑기 위해 책을 살피며 근거를 찾으면서 논리성을 키울 수 있으며, 토론 멤버들의 생각과 자신의 생각을 비교하면서 비판성을 키울 수 있고, 본질적 문제 해결을 위해 계속 'Why?'라는 질문을 던지면서 분석성을 키울 수 있으며, 뒤에 설명할 쉬우르로 생각 정리와 소감 나누기를 하면서 종합성을 키울 수 있다.

하브루타 토의 토론을 마치고 진행하는 프레젠테이션이나 비판적 글쓰기는 발산적 사고와 수렴적 사고를 동시에 수행하는 활동이며, 1년 정도 일주일에 한 번씩 이런 활동을 지속한 후 결과물을 모아 책으로 완성하면 창의적 사고를 구체적인 성과물로 시각화할 수 있다. 창의성은 규격화할 수 없어 가르치고 배우기 어렵다. 그러나 진북 하브루타 독서 토론을 통해 다양한 주도적 독서 경험을 하고 꾸준히 생각 연습을 한다면 과정 중심의 관점 변화와 성장 발전을 통해 창의성을 획기적으로 높일 수 있으리라 믿는다.

하브루타 책쓰기 원리 : 글쓰기, 책쓰기도 어렵지 않다

얼마 전 모 중학교 1~2학년 19학급 학생을 대상으로 진북 하브루타 7키워드 글쓰기 수업을 진행했다. 중학생 각 반 34명, 19학급 학생 약 640명을 대상으로 하는 글쓰기 수업이, 게다가 재미있는 글쓰기 수업이 과연 가능할까? 정답은 예스였다. 아이들은 2시간 동안 함께 10분 분량의 문학책 한 편을 읽고 7키워드(낭독, 경험, 재미, 궁금, 중요, 메시지, 필사)로 토론을 한 후 미리 준비한 글쓰기 워크지로 글을 썼는데, 글쓰기가 이렇게 쉽고 재미있는 줄 미처 몰랐다는 반응이었다. 7키워드로 토론을 하고 난 후 글을 쓰면 글감이 풍부해져서 글쓰기가 쉬워지기 때문이다. 가정에서도 아이들과 함께 진북 7키워드 하브루타 독서 토론을 한 후 글쓰기를 지도하면 재미있는 글쓰기를 할 수 있을 것이다. 7키워드 글쓰기 방법을 소개하면 다음과 같다.

7키워드 글쓰기를 하기 위해 먼저 다 함께 10분 분량으로 읽을 수 있는 텍스트를 준비하고, 분량을 나눠 낭독을 한다. 우리가 준비한 텍스트는 기 드 모파상의 '노끈 한 오라기'였다.

무엇이든 주워 모아두는 것을 좋아했던 주인공 오슈코른 영감은 우연히 소똥 속에 있던 노끈 한 오라기를 줍다가 원수인 말랑댕 영감에게 들킨다. 비슷한 시간, 울브레크라는 사람이 지갑을 잃어버리는

데, 평소 마을 사람들에게 신뢰를 얻지 못했던 오슈코른 영감이 그 지갑을 주운 것으로 오해를 받으면서 사건은 일파만파 커지게 된다. 오슈코른 영감은 자신의 무죄를 증명하기 위해 사람들을 찾아다니며 변명을 했지만, 울브레크가 지갑을 찾고 난 후에도 마을 사람은 그가 공범일 것이라고 추측하며, 누구도 그의 결백을 믿어주지 않았다. 결국 오슈코른 영감은 억울해하다가 신경이 쇠약해졌고, 끝까지 자신의 결백을 호소하다가 숨을 거둔다.

다 함께 낭독만 하더라도 각자 다른 목소리로 읽는 책 내용이 무척 재미있기 때문에 아이들은 푹 빠져 읽고 들으며 책 속으로 여행을 하게 된다. 다 함께 낭독한 후에는 돌아가며 소감을 나누고 어떤 내용이 었는지 설명 하브루타를 해본다. 설명 하브루타를 한 후에는 위 내용처럼 자신이 파악한 줄거리를 간단히 적고, 어떤 생각이 들었는지 기록해본다. 이어서 자신도 비슷한 경험이 있었는지 생각해본다. 오슈코른 영감처럼 심각하게 오해받은 경험은 없더라도 창문이 열려 있어 방문이 쾅 닫혔는데, 왜 문을 쾅 닫느냐고 엄마에게 꾸중 들은 경험, 또는 동생이 먼저 괴롭혀서 한 대 때렸는데 동생을 괴롭히고 때린 것으로 오해받은 경험 등 다양한 경험이 있을 것이다. 주인공인 오슈코른 영감과 비슷한 경험이 아니어도 등장인물 중 누군가가 했던 행동과 비슷한 경험, 배경과 비슷한 경험 등으로 확장해보면 누구나 책 속

사건과 비슷한 경험을 떠올릴 수 있게 된다. 경험을 서로 나눈 후 기록하면 아주 훌륭한 글감이 된다.

그런 다음 본문 중에서 재미있었거나 감명 깊었거나 특별한 감정이 느껴졌던 부분을 찾아본다. 많은 친구들이 오슈코른 영감이 마지막에 "조그만 노끈이에요… 조그만 노끈…. 자, 여기 있어요. 읍장님." 하며 숨을 거둔 장면이 특별히 기억에 남는다고 대답했다. 얼마나 억울했으면 죽는 순간까지도 결백을 주장했을지, 그 마음이 전해진다는 것이다. 그 밖에도 마을 사람들이 아무도 믿어주지 않고 끝까지 외면한 장면, 읍장이 힘이 있는 말랑댕 편을 든 장면 등 다양한 장면을 떠올리며 왜 그 부분이 특별히 마음에 와 닿았는지 이야기하고 글감으로 정리한다.

다음 키워드인 '궁금'은 각자 본문 내용 중 궁금했던 부분이나 이해되지 않는 부분, 등장인물에게 물어보고 싶은 질문 등을 써본다. 질문을 쓰고 난 후에는 돌아가며 자신이 만든 질문을 던지고 다른 친구들의 의견을 듣는다. 하브루타 독서 토론을 한 후 글쓰기를 하면 나 혼자만의 생각이 아니라 다른 사람들의 의견이 더해져 풍부한 글감을 확보하게 되는데, 특히 궁금 키워드에서 질문하고 답변하며 얻은 다양한 의견들이 글쓰기에 반영되면 내용이 풍성한 글쓰기가 될 수 있다. 예를 들어 한 친구가 "왜 아무도 오슈코른 영감을 믿어주지 않았을까?"라는 질문을 하면, 그 질문에 대한 답은 "평소에 오슈코른 영감이 베풀지 않고 구두쇠로 살았기 때문에 사람들에게 신뢰를 얻지 못했기 때문이다.", "오슈코른 영감의 사회적 지위가 낮았기 때문에 사람들이 무시한 결과다.", "말랑댕 영감은 경제적으로 부유하고 사회적 지위도 높아서 읍장이 무조건 믿어준 것 같다. 불평등한 사회문제다." 등 다양한 답변이 나온다. 이렇게 각자 생각한 답을 말하다 보면 글로 쓸 내용도 풍부해지는 것이다.

그다음 '중요' 키워드는 마무리에 쓰면 좋다. 이 작품을 읽고 개인적으로 이런 일을 나 혹은 주변 사람이 겪게 된다면 어떻게 하는 것이 중요한지 생각해보는 키워드이기 때문에 자신의 중심 생각을 정리하기 쉬워, 자신의 의견으로 글을 마무리할 때 적합하기 때문이다. 아이들은 '확실하지 않은 것을 함부로 믿으면 안 될 것 같다.', '억울한 사람들에 대해 내 일이 아니어도 한 번쯤 궁금증을 가지고 살펴봐야 할 것 같다.', '사람들이 하는 말을 무조건 믿으면 안 된다.', '오슈코른 영감처럼 끝까지 해명하는 것이 옳다고 생각한다. 만약 나에게 해명할 기회가 온다면 예전에 받은 오해를 풀고 싶다.', '작은 오해로 한 사람이 목숨을 잃을 수도 있기 때문에 진짜 그 사람이 한 일이 맞는지 끝까지 의문을 가져야 한다.'같이 아주 훌륭한 의견을 드러내는 글을 써내 감탄을 자아냈다.

'메시지'는 작가의 생각을 유추해보는 것이다. 작가가 '이 글의 메시지는 이것이다.'라고 말한 적이 없기 때문에, 작가의 메시지(또는 주제)는 읽는 사람의 몫이다. 단, '중요'가 개인적인 생각을 말하는 것이라면, '메시지'는 이 글을 쓴 작가가 사람들에게 하고 싶은 말이 뭘지 유추해보는 것이기 때문에 좀 더 객관성을 띠는 것이라고 생각하면 된다. 많은 친구들이 '작가는 평소 사람들에게 베풀며 사는 것이 중요하다고 말하는 것 같다.', '주변에 억울한 사람이 있으면 그의 말을 반드시 들어줘야 억울하게 목숨을 잃는 사람이 없을 거라고 얘기하는 것 같다.', '사람 사이에는 신뢰가 가장 중요하다고 말하는 것 같다. 평소에 사람들에게 신뢰를 쌓아두면 어려울 때 힘을 발휘하게 된다는 의미를 전하고 싶은 것 같다.' 등의 의견을 제시하고 글로 썼다. 이렇게 작가의 메시지에 대해 이야기를 나눈 후 그 내용을 기록하면 메시지 또한 아주 훌륭한 글감이 된다.

다음 키워드는 '필사'다. 필사는 본문 내용 중 베껴 적어놓고 두고두고 읽고 싶은 명문장이나 명대사를 적어보는 활동이다. 책을 읽은 후 서평을 쓸 때 가장 많이 활용하게 되는 것이 '본문 내용 중 자신에게 의미 있게 다가온 문장을 옮겨 적고 자신의 생각을 덧붙이는 것'이다. 아이들은 앞서 재미 키워드에서 이야기했던 "조그만 노끈이에요… 조그만 노끈…. 자, 여기 있어요. 읍장님." 하고 말하는 부분을 가장 많이 필사했다. 그 이유로 오슈코른 영감의 억울한 마음이 가장 잘 드러나 있기 때문이라고 한다. 그 밖에 아이들이 주로 베껴 적은 내용은 발단에 해당하는 '신경통으로 고생하고 있지만 겨우 허리를 구부려 땅바닥에 떨어진 보잘것없는 노끈을 주웠다.'라는 문장과 '영감은 분하기도 하고, 겁이 나기도 해서 숨이 막힐 지경이었다.'라는 부분, 그리고 '그가 아무리 그러지 않았다고 해도 소용없었다. 사람들은 그의 말을 믿어주지 않았다.', "내가 우울했던 건 그 사건 자체가 아니라고. 자네도 알지? 사람 잡는 거짓말 말이야. 어떤 거짓말로 인해 비난을 받는 것처럼 마음이 상하는 일도 없지." 등을 베껴 적었다. 베껴 적은 이유는 다양하지만 베껴 적고 나서 자신의 생각을 더해가다 보면 생각보다 쉽게 글을 쓸 수 있다.

이렇게 7키워드로 토론하고 자신의 생각을 기록하는 활동을 통해 글감을 충분히 모은 다음에는 '생각 더하기' 활동으로 연결한다. '생각 더하기'는 앞의 내용에 이어서 글을 쓰는 과정으로 본문 내용과 관련된 다양한 자료를 검색하거나 새롭게 알게 된 내용 등을 정리하며, 자신의 의견도 최대한 많이 써보도록 한다. 아울러 자신이 주장하려는 내용의 근거를 찾아 쓴다. 이렇게 풍부한 글감이 준비되면, 자신이 쓰려는 글에 제목을 붙여본다. 제목은 본문 내용을 다 쓴 후에 붙여도 무방하다. 준비된 글감을 서론, 본론, 결론에 적절하게 안배하며 넣는데,

되도록 맨 앞에 설명 하브루타를 한 내용과 함께 재미나 궁금, 또는 필사 키워드로 토론하고 적었던 내용으로 글을 시작하면 좋다. 본론에는 책 내용과 관련된 자신의 경험이나 앞서 서론에 사용하지 않았던 재미, 궁금, 필사 키워드로 토론하고 적었던 내용, '생각 더하기'에서 찾은 여러 근거를 활용해 글을 풍부하게 다듬는다. 이어서 결론 부분에는 작가의 메시지와 함께 중요 키워드에서 주장했던 자신의 생각으로 마무리하면 훌륭한 글 한 편이 완성된다.

　책쓰기의 본질은 '콘텐츠'라고 할 수 있다. 만약 일주일에 한 번씩 가족끼리 진북 하브루타 독서 토론을 하고, 토론이 끝난 후에 위와 같이 그날 토론한 주제에 맞게 한 편 한 편 A4 2장 정도 되는 글을 써나간다면 1년(약 50주) 동안 A4 100페이지 정도의 원고가 확보된다. 그렇게 되면 250페이지 정도의 단행본 출간이 가능할 정도의 콘텐츠가 쌓이게 된다. 이처럼 진북 하브루타 독서 토론을 제대로 한다면 글쓰기, 책쓰기도 절대 어렵지 않다. 가족끼리 하브루타 독서 토론을 하며 서로의 생각을 나누고 함께 글을 쓰고, 그 결과물로 책까지 엮을 방법이 있는데, 망설일 이유가 있을까?

3장

눈으로만 읽는 독서를 하지 말고 진짜 독서를 하자

문해력을 키우는 진북 하브루타 독서 토론

우리 집 토론 리더 되기

진북 하브루타 독서 토론의 이해

현재 우리나라에 들어와 있는 하브루타는 유대인의 정통 하브루타를 표방하는 경우도 있고, 자체적으로 연구 개발한 연구자들의 결과물도 많다. 그런데 모든 교육 방식은 내용과 형식의 조화가 중요하다. 유대인 정통 하브루타의 내용은 토라와 《탈무드》이고, 형식은 자유 토론이다. 한국인들이 하브루타를 어렵고 부담스럽게 느끼는 이유가 바로 내용과 형식 때문이다. 토라와 《탈무드》의 내용은 다양한 종교와 문화가 공존하는 한국인의 정서에 잘 맞지 않는 부분이 많아 쉽게 받아들이기 힘들고, 자유로운 형식에는 너무나 많은 요소가 포함되어 있어 혼란스럽기만 하다. 특히 하브루타의 특성상 질문이 매우 중요한데, 질문하는 문화에 익숙한 유대인들에 비해 한국인들은 질문을 하지 않는 문화의 대표이기 때문에 더욱 힘들다.

결국 하브루타를 우리 교육 현장에 적용하려면 한국인의 정서와 문화에 잘 맞게 내용과 형식을 '한국형 하브루타'로 바꾸어야 한다. 진북 하브루타는 일상 하브루타를 비롯해 독서 하브루타에 특화되어 있는데, 일상 하브루타는 일상의 모든 주제(다주제 - 외식, 쇼핑, 여행, 다툼 등)와 모든 매체(다매체 - 텍스트, 이미지, 오디오, 비디오 등)를 하브루타와 연결하거나, 하브루타에 알맞은 교육 도구를 개발해 하브루타와 연결했다. 특히 독서 하브루타는 유대인의 《탈무드》에 버금가는 《토탈무드》(total : 완전한 + Talmud : 연구)를 만들겠다는 포부로 '하브루타 독서 토론용 10분 책 읽기'를 단편 문학과 단편 전기(인물 이야기)부터 시작해 인문 고전에 이르기까지 지속적으로 출간하고 있다. 아이들이 어리다면 그림책 하브루타로 시작하면 좋다. 그림책은 그림과 글이 어우러져 일상 하브루타처럼 재미있게 토론하기 좋다. 그런 다음 서서히 짧은 동화책으로 옮겨 간다.

초등 고학년이라면 동화책이나 독서 토론용 10분 책 읽기로 하브루타 독서 토론을 하면서 토론을 몸에 익히고, 중편 문학, 장편 문학, 비문학, 인문 고전 등으로 수준을 높여나가면 된다.

진북 7키워드 하브루타

　형식 면에서는 4~6명 모둠으로 낭독과 경험, 재미, 궁금, 중요, 메
시지, 필사 등 '7키워드를 활용한 토의식 토론'과 둘씩 짝을 지어 찬성
과 반대, 반대와 찬성(스위칭), 짝을 바꿔서(체인징) 찬성과 반대, 반대와
찬성(스위칭) 등으로 토론한 후 창의적 문제 해결 방법을 찾는 '1:1 찬반
하브루타'를 적용하면 충분하다. 이 두 가지 방식은 처음 하브루타 독
서 토론을 접한 사람이라도 쉽게 말문을 열 수 있게 도와주는 플랫폼
역할을 한다. 그리고 자유 토론을 추구하기 때문에 꾸준히 지속적으
로 실천하기만 하면 궁극적으로 누구나 유대인처럼 자유롭게 하브루
타를 할 수 있다.

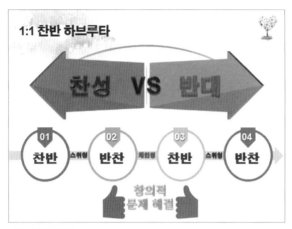

진북 1:1 찬반 하브루타

    한국형 진북 하브루타는 '진북(ZINBOOK)'이란 이름의 독서 토론법
이다. 진북이란 '진짜 독서(zinbook)를 통해 진정한 북극성(True North,
진북/사명)을 찾자.'는 의미를 담고 있다. 주요 목적은 유대인의 하브루
타와 유사한 여러 독서 활동(묵독, 낭독, 역할극, 경험 나누기, 질문 나누기, 필사,
토론, 비판적 글쓰기 등)을 통해 성품과 역량을 고르게 발달시키며 궁극적
으로 자신에 대해 끊임없이 성찰하도록 이끄는 것이다. 독서 토론을
꾸준히 하면서 청소년에게는 '한민족의 우수성 회복', 학부모에게는
'자녀와의 대화와 소통', 일반인에게는 '건전한 취미이자 놀이 문화', 직
장인에게는 '효과적인 자기 계발', 강사·코치에게는 '강의 저술용 창의
적 콘텐츠 개발' 등에 도움을 주겠다는 목표를 갖고 있다.

진북 하브루타 독서 토론은 문학과 비문학, 인문 고전 등 다양한 텍스트를 활용해 낭독과 필사, 토론을 하면서 바른 인성과 리더십, 자존감 향상을 통해 '성품'을 기르고, 말하기, 듣기, 읽기, 쓰기 등 종합적인 의사소통 능력과 창의적인 콘텐츠 생산 능력 향상을 통해 '역량'을 키운다. 그리고 체계적이고 전문적인 독서법 교육을 통해 독해력과 이해력, 사고력, 표현력을 향상시키고, 올바른 독서 태도와 습관을 형성하도록 돕는다. 아울러 책을 통해 자신과 주변 사람들(친구와 부모, 선생님 등)을 이해함으로써 최근에 사회문제로 대두된 청소년 관련 사건 사고의 예방에도 실질적인 도움을 줄 수 있다. 또 책을 빠르게 많이 읽는 방식이 아니라 한 장면 한 장면에 오래 머무는 독서 방식이다. 그뿐 아니라 책 속 인물이나 사건, 중요한 내용과 관련해 공감 능력을 키우고 깊은 사고를 할 수 있어, 책의 행간에 숨은 뜻을 발견할 수 있는 독서 토론 방식이다.

독서 토론의 의의

지식 정보화 시대인 21세기는 지식과 창의력이 새로운 가치 창출과 국가 경쟁력의 원동력이 되고, 경제·사회·문화적 풍요가 창의적 지식 활용 여부에 달려 있으며, 사람이 중심이 되고, 교육이 중심이 되며 평생 학습이 보편화되는 시대다. 이러한 시대에는 어떤 분야에서 나 가치 창조의 원천이 되는 새로운 지식을 습득하고 이를 다른 이와 공유하면서 새로운 가치와 차원 높은 지식을 창출하고자 끊임없이 자기 주도적으로 노력하는 창의적인 인재가 필요하다. 따라서 창의력, 상상력, 문제 해결력, 비판적 사고력을 지닌 인재를 양성하는 것이 21세기 교육의 가장 중요한 역할이다.

이러한 변화에 발맞추어 이미 선진국에서는 자국의 개인적, 국가적 경쟁력을 향상시키고자 국가 차원에서 독서 토론 교육에 많은 투자를 하고 있다. 독서 토론은 문자 그대로 책을 읽고 서로의 의견을 나누는 언어 활동을 말한다. 즉 특정 도서를 선정해 핵심 논제를 선택한 다음 각자 이해한 바를 토대로 의견을 나눔으로써, 토론 대상인 책에 대한 이해를 높이고자 하는 집단 활동이 바로 독서 토론이다.

몇 개 나라를 예로 들어보면, 미국에서는 책 읽기 교육과 자기의 의견과 감정을 표현하는 교육에 중점을 두고, 프랑스에서는 아동기부터 독서에 관심을 갖도록 유도하고 서로의 생각을 공유하도록 권장해 사회생활의 능동적인 참여자로서 자신의 가치관을 조직하고 표현하는 데 익숙하도록 교육하고 있다. 이스라엘에서는 독서와 토론을 좋아하고 지혜를 숭상하도록 키우는 자신들의 전통적 교육법을 통해 논리적인 사고력과 표현력뿐 아니라 문제를 근본에서부터 해결하려는 적극적이고 능동적인 태도 및 자신감을 키워 세계 각지에서 리더로 성장하도록 교육하고 있다. 영국에서는 독서 교육을 통한 문해력의 증진이 거시적으로 국가 경제 발전의 기초가 된다는 점을 강조해, 독서 교육의 목적을 교양 증진이나 인성 계발 등 개인 발달 측면보다는 국가 인적자원 개발 같은 사회적 측면에서 강조하고, 학교 교육과 성인 대상 평생 직업훈련을 일관성 있게 추진하고 있다.

그러나 한국의 제도권 교육에서는 독서 토론 교육에 무관심하거나 소극적으로 대처해온 것이 사실이다. 초등학생이나 중학생을 대상으로는 그나마 교육이 조금이라도 이루어지고 있지만 본격적으로 책을 읽어야 하는 고등학생이나 대학생, 성인의 경우엔 거의 방치되고 있다는 데 문제의 심각성이 있다. 그렇다면 바람직한 독서 토론 교육 환경을 조성하기 위해서는 어떤 전략이 필요할까? 첫째, 일방적으로 과제를 부과하지 말고 함께 읽고 토론하는 환경을 만들어야 한다. 둘째, 독서를 생활화해야 한다. 셋째, 독서 자료의 수준별, 단계별 목록화 작업이 시급하다. 넷째, 다양한 독서 토론회를 제도적 차원에서 지원해야 한다. 다섯째, 독서의 방법과 원리에 대해 지속적이고 단계적으로 교육시켜야 한다. 여섯째, 독서 지도 전문 교사제를 실시해야 한다. 일곱째, 대중이 쉽게 활용할 수 있는 공공 독서 공간과 독서 자료를 지속적으로 확충해야 한다.

교육이란 우리가 살아가면서 부딪히는 여러 문제와 사건에 지혜롭고 현명하게 대처해 자아를 실현하고 사회에 기여하도록 돕는 것이다. 교육법 중에서도 독서는 가장 효율적이고 효과적이며 인류의 역사를 통해 검증된 방법이다. 그리고 토론은 사회생활을 하면서 갈수록 중요성이 커지고 있는 관계에 대한 이해와 의사소통 능력을 향상시키기 위해서도 반드시 필요하다. 독서 토론을 통해 자신이 책을 읽으며 얻은 지식을 표현하는 능력을 키우고, 상대방의 의견을 존중하는 태도를 배우며, 이러한 과정에서 올바른 가치관과 사회성을 기를 수 있다. 바람직한 독서 토론 문화의 정착은 21세기를 이끌어갈 우수한 인재를 양성하고 국가 경쟁력을 향상시켜 대한민국을 중심 국가로 만드는 데 기여할 것이다.

진북 하브루타 독서 토론을 시작하기 위한 기본 팁

❶ 사전 준비 및 시작

독서 토론이 원활하게 이루어지려면 최적의 환경을 조성하는 것이 우선이다. 크고 평평한 책상을 준비하고, 소음이 없고 적당히 밝으며 정리 정돈이 잘되어 있고 깨끗한 곳이 좋다. 토론 텍스트를 잘 챙기고 연령과 성별을 고려해 토론 참여자들의 좌석을 배치한다. 그리고 토론회 이름을 정하면 좋다.

❷ 진북 하브루타 독서 토론의 세 가지 규칙

독서 토론을 제대로 하려면 짧게는 1개월에서 길게는 1년 정도 독서 토론 전문가 양성 과정을 통해 체계적인 교육을 받는 것이 좋다. 하지만 몇 가지 핵심 사항만 알면 가족 독서 토론이나 소모임 등에서 독서 토론을 하는 데 큰 어려움은 없으며, 토론을 계속하면서 하나씩 배워나가면 된다. 독서 토론 리더의 소양을 기르려면 3장을 참고하면 된다. 독서 토론이 원활히 진행되려면 다음 세 가지 토론 규칙을 적용하면 좋다.

첫째, 책을 읽은 사람만 토론에 참여할 수 있다. 둘째, 책 내용에 대해서만 이야기할 수 있다. 셋째, 경청을 위해 '토킹 스틱'이라는 특별한 도구를 사용한다. 책을 읽은 사람만 토론에 참여하고 책 내용에 대해서만 이야기하도록 하는 이유는 일반 토론이 아닌 독서 토론이기 때문이다. 토론 참여자들은 텍스트에서 유추한 증거를 갖고 토론하되, 다른 사람의 의견이나 자신만의 경험 등에 기반해서 이야기하지 않는 것이 좋다. 그리고 토론 리더는 질문만 할 뿐 질문에 대해 답변을 하거나 의견을 말하지 않는다. 리더가 답을 말하거나 의견을 말하면 정답으로 여겨지기 때문이다.

이 두 가지 규칙이 중요한 또 다른 이유가 있다. 책을 읽지 않은 사람이 토론에 참여하면 아무 말도 못하거나, 책과 관련이 전혀 없는 개인의 경험만 얘기하는 경우가 많다. 이렇게 되면 토론을 제대로 할 수 없게 되므로 두 가지 규칙은 반드시 지켜야 한다. 독서 토론을 하면 말하기, 듣기, 읽기, 쓰기를 모두 활용하게 되는데, 이 중 가장 어려운 것이 무엇일까? 바로 듣기, 특히 경청이다. 독서 토론을 진행하면서 처음에는 토론 참여자들의 이야기가 들리지 않아 한 달 정도 힘들어한 경험이 있다. 경청이 힘든 또 다른 이유는 말하기, 읽기, 쓰기는 연습을 하거나 교육을 받지만 듣기에 대한 교육은 따로 한 적이 없기 때문이다.

세 번째 규칙으로 소개한 '토킹 스틱'은 스티븐 코비의《성공하는 사람들의 8번째 습관》에서 완전한 커뮤니케이션을 위한 도구로 추천한 것이다. 토킹 스틱은 인디언들이 부족 회의를 할 때 족장이 들고 있는 지팡이에서 힌트를 얻은 것이다. 토킹 스틱을 활용하는 방법은 간단하다. 토킹 스틱을 가진 사람만 말할 수 있다는 것이다. 먼저 엄마나 아빠가 토킹 스틱을 들고 리더 역할을 하면서 7키워드(낭독, 경험, 재미, 궁금, 중요, 메시지, 필사) 질문을 하나씩 던지며, 가족 중 의견을 말하고 싶어 하는 사람에게 토킹 스틱을 넘긴다. 그러면 그 사람은 자신이 생각하는 것을 모두 말한다. 이때 다른 식구들은 참견하거나 말을 끊지 않고 끝까지 들어야 한다. 이야기가 끝나면 그다음 의견을 말하고 싶은 사람에게 토킹 스틱을 넘기고 나머지 사람들은 경청한다.

토킹 스틱의 장점은 스틱을 가진 사람만 말하고 나머지 사람들은 듣도록 규칙을 정했기 때문에 자연스럽게 경청하는 분위기를 만들 수 있다는 것이다. 그리고 말을 하는 사람은 아무런 방해 없이 자신의 생각을 충분히 이야기할 수 있기 때문에 만족하게 된다. 또 토론에 참여한 사람 모두에게 이야기할 기회를 공평하게 줄 수 있기 때문에 토론 효과를 높일 수 있다.

❸ 토론 리더의 역할

TV 토론 프로그램에서 토론 리더가 없다면 어떤 일이 벌어질까? 말싸움을 벌여 난장판이 될 것이다. 그만큼 독서 토론에서 리더의 역할은 중요하다. 토론 리더는 참여자를 진심으로 이해하고 진지한 대화를 나눌 수 있어야 한다. 전문성과 능력을 꾸준히 발전시키고 텍스트에 대한 폭넓은 지식을 갖추어야 한다. 또 토론 참여자를 올바른 방향으로 이끌 안목과 능력을 지녀야 한다. 그래서 가족 중에서는 아빠나 엄마가 토론 리더를 돌아가며 맡는 것이 좋고 아이들에게도 서서히 기회를 넘겨주도록 한다.

토론을 진행할 때 리더는 적절한 후속 질문 던지기, 텍스트를 참고하도록 돕기, 천천히 토론 이끌기, 토론 참여자들이 서로 이야기하도록 돕기, 모든 사람이 토론에 참여하도록 돕기, 참가자들의 의견을 주의 깊게 듣기, 생각을 서로 연관 짓기 등 토론 리더의 기본 지침을 생각하며 역할을 수행해야 한다.

❹ 독서 토론을 위한 질문

독서 토론에서 가장 중요한 요소가 바로 질문이다. 어떤 질문을 하느냐에 따라 답변이 달라지기 때문이다. 우선 해석적 질문을 이해해야 한다. 해석적 질문이란 책에서 근거를 2개 이상 찾을 수 있는 질문으로 사실적 질문(사실에 해당하고 정답이 하나인 질문), 평가적 질문(옳고 그름을 판단할 수 있는 질문), 사색적 질문(토론 참여자의 상상력을 자극하는 질문)과는 구별된다.

《심청전》을 예로 들면 "심청이의 계모이자 봉사 잔치에 참석하기 위해 심 봉사와 함께 황성으로 간 사람은 누구인가요?"라는 질문은 정답이 하나(뺑덕어멈)뿐인 사실적 질문에 해당한다. "봉사 잔치를 통해 만난 심청이와 심 봉사는 나중에 어떻게 되었을까요?"라는 질문은 상상해서 이야기를 만들어낼 수 있으므로 사색적 질문에 해당한다. "심청이가 인당수에 몸을 던진 것은 옳은 일일까요?"라는 질문은 옳고 그름을 판단할 수 있게 도와주는 평가적 질문에 해당한다. "심청이는 왜 인당수에 몸을 던졌을까요?"라는 질문은 텍스트를 바탕으로 다양한 의견(아버지 눈을 뜨게 하기 위해, 공양미 300석을 바치기 위해, 사공과의 약속을 지키기 위해 등)이 나올 수 있는 해석적 질문이다.

《심청전》의 예를 통해 독서 토론의 효과를 높이려면 사실적, 평가적, 사색적 질문보다는 해석적 질문을 하는 것이 도움이 된다는 것을 알 수 있다. 해석적 질문 중에서도 텍스트의 핵심 메시지와 관련해 책의 전반적인 내용을 아우를 수 있는 것을 핵심 해석적 질문이라고 한다. 《심청전》의 주제는 '효'이므로 "심청이는 왜 인당수에 몸을 던졌을까요?"라는 질문이 핵심 해석적 질문이 된다. 질문의 종류에 따라 토론 내용이 달라지긴 하지만 처음부터 질문의 종류를 지나치게 의식할 필요는 없다. 자연스럽게 질문을 뽑고 이야기를 나누다 보면 좀 더 좋은 질문이 무엇인지 알 수 있기 때문이다.

해석적 질문을 선정하기 위해서는 먼저 책을 두 번 이상 읽고 잘 이해되지 않거나 특별히 중요하다고 생각하는 것, 강한 인상을 주는 것에 밑줄을 긋거나 표시를 한다. 그리고 의심, 관심과 흥미, 토론 가능성(2개 이상의 답변이 가능한 것), 명확성(쉽게 이해 가능한 것), 구체성(해당 도서에만 적용 가능한 것) 등의 요소를 기초로 알맞은 해석적 질문을 선택하면 된다.

해석적 질문 만들기와 뽑기 활동은 지식을 더욱 확고히 하고 논리적인 사고력과 분석력 형성, 자신의 생각과 타인의 생각 비교, 자신의 생각을 더욱 확고히 정리하는 능력 형성, 새로운 가능성을 창조하는 능력, 텍스트의 중점 주제에 대한 깊이 있는 탐색과 탐구 능력 함양 등 다양한 효과를 거둘 수 있다. 또 이를 바탕으로 지적, 정신적, 종합적 능력을 배양하는 데 도움을 준다. 그 외에도 독서 토론을 위한 질문으로 다음 세 가지를 알아두면 좋다.

첫째, 기본 질문(Basic Questions) : 텍스트에 나와 있는 의미의 핵심적인 문제를 총체적으로 설명하는 해석적 질문을 말하며 독해력 향상에 도움이 된다. 토론 참여자로 하여금 텍스트의 한 부분에만 집중하고 생각하게 하는 것이 아니라 텍스트 전체의 내용을 점검하게 하는 질문이다.

《심청전》을 예로 들면 "심청이는 왜 인당수에 몸을 던졌을까?" 같은 질문이다. 좋은 해석적 질문의 요건은 '주제가 담겨 있고, 상징물이나 제목을 반영했으며, 위기 또는 절정 부분의 주인공 상황이나 행위가 들어가 있는 질문'이라고 할 수 있는데, 이 질문은 주제라고 볼 수 있는 '효'와 관련된 내용을 내포하고, 주인공의 행동과 위기 또는 절정에 해당하는 '인당수에 몸을 던진 행위'를 묘사하므로 아주 좋은 해석적 질문이 될 수 있다. 이 질문을 기본 질문으로 삼으면 이어지는 다양한 질문도 이 글의 핵심 내용을 반영하게 된다.

둘째, 하위 질문(Cluster Questions) : 모든 기본 질문과 관련된 좋은 질문을 말하며 독해력과 사고력 향상에 도움이 된다. 이것들은 각기 다른 관점으로 기본 질문에 접근하거나 전체 중 분리된 일부분만 설명하거나 기본 질문에서 제기된 질문을 생각하면서 다양한 구절을 점검하는 형식으로 이루어진다.

하위 질문이란 기본 질문과 관련되어 나올 수 있는 모든 질문을 뜻한다. 예를 들어 "심청이는 왜 인당수에 몸을 던졌을까?"를 기본 질문으로 해서 하위 질문을 해보면, "인당수에 몸을 던진 심청이는 어떤 심정이었을까?", "심청이가 인당수에 몸을 던진 사실을 알게 된 아버지는 어떤 심정이었을까?", '심청이가 인당수에 몸을 던지게 만든 사공은 어떤 심정이었을까?"와 같이 기본 질문에 대해 각기 다른 등장인물의 관점에서 바라보는 질문을 들 수 있다. 그리고 아이가 내용을 제대로 이해하지 못한다면 "인당수에 몸을 던지면 어떤 혜택을 준다고 했지?", "사공이 왜 인당수에 몸을 던지라고 했을까?", "인당수에 몸을 던지면 어떻게 될까?" 같은 전체 중 분리된 일부분만 설명하는 하위 질문을 할 수도 있다. 그리고 '왜 하필 인당수였을까?", "물에 몸을 던지는 행동 말고 다른 방법은 없었을까?"같이 기본 질문에서 제기된 질문을 생각하면서 다양한 구절을 점검하는 질문도 던질 수 있다.

셋째, 후속 질문(Follow up Question) : 후속 질문은 '토론 참여자의 생각에 대해 당신의 호기심을 표현하는 것(Follow up Questions are an Expression of Your Curiosity about Your Student's Idea)'을 말하며, 리더가 토론 진행 시 갖추어야 할 가장 기본적인 기술이다. 후속 질문은 리더에게 가장 중요하고도 어려운 부분이다. 기본 질문과 하위 질문은 사전에 준비할 수 있지만, 토론 참여자의 반응에 따른 후속 질문은 상황에 즉시 반응해서 던져야 하기 때문이다. 후속 질문을 잘하기 위해서는 무엇보다 토론 참여자들의 말을 주의 깊게 들어야 하고, 효율적으로 분석하는 것이 중요하다.

후속 질문의 종류에는 다음과 같은 것들이 있다.

첫째, 무슨 의미인지 설명하도록 하는 '명확성'에 관한 질문이다(예: 그것이 무슨 의미인지 자세히 설명해줄 수 있을까?).

예를 들어 아이가 "심청이는 왜 전국의 맹인들을 궁궐로 초대했을까?"라는 질문을 만들었을 경우, "전국의 맹인들을 궁궐로 초대한다는 게 어떤 의미일까?"라는 질문을 통해 맹인 잔치의 의미를 명확하게 생각할 수 있도록 돕는 질문을 말한다.

둘째, 책 속에서 근거를 찾도록 하는 '근거'에 관한 질문이다(예: 책의 어느 부분을 보고 그렇게 생각했지?).

앞의 질문 "심청이는 왜 전국의 맹인들을 궁궐로 초대했을까?"라는 질문에 대해 "맹인들이 불쌍해서요."같이 개인적이고 일반적인 답을 하는 경우, 책의 어느 부분을 보고 그렇게 생각했는지 후속 질문을 던져 책에 있는 대사나 묘사를 통해 근거를 찾도록 하는 질문을 뜻한다.

셋째, 틀린 답변에 대해 스스로 정정할 수 있게 하는 '확인'에 관한 질문이다(예: 조금 전에 이렇다고 했는데, 그렇다고 하는 건 생각이 바뀐 거니?).

앞의 예에서 책에서 근거를 찾은 아이가 "심 봉사를 찾기 위해서요."라고 답변을 정정하는 경우, "조금 전에 맹인들이 불쌍해서라고 했는데, 심 봉사를 찾기 위해 맹인 잔치를 연 것으로 생각이 바뀐 거야?"라고 확인하는 질문을 뜻한다.

넷째, 두 가지 이상의 의견 중 선택할 수 있게 하는 '선택'에 관한 질문이다(예: OO는 이렇다고 하고 △△는 저렇다고 하는데, □□의 생각은 어떤 거야?).

앞의 질문에 대해 아이가 대답을 못한다면 "어떤 친구는 맹인들이 불쌍해서라고 했고, 다른 친구는 심 봉사를 찾기 위해서라고 했다는데, 너는 어떻게 생각해?"같이 다른 답변의 예시를 들어주고 둘 중에서 선택하거나 자신만의 생각을 할 수 있도록 돕는 질문을 뜻한다.

다섯째, 함축적 의미를 찾아내도록 하는 '함축'에 관한 질문이다. 예를 들어 "심청전에서 공양미 삼백 석의 의미가 뭘까?"같은 질문을 통해 상징물이나 상징어가 함축하고 있는 의미를 찾도록 돕는 질문이다.

여섯째, 다른 토론 참여자들끼리 토론을 유도하는 '동의·비동의'에 관한 질문이다. 예를 들어 "심청이가 인당수에 몸을 던진 행동은 옳은가?"와 같은 질문을 던져 찬성 입장과 반대 입장으로 나눠 토론을 하도록 하는 질문을 뜻한다.

후속 질문을 할 때 부모(리더)는 답변을 최소화하고, 아이들(토론 참여자) 스스로 답변하도록 유도해야 한다. 그리고 평소 일상생활에서 질문하는 습관을 들여야 아이들의 답변에 즉시 반응하면서 후속 질문을 통해 토론의 깊이를 더할 수 있다.

❺ 문제 해결을 위한 토론

독서 토론은 문제 해결을 위한 토론이며 텍스트에서 제기한 해석적 질문에 대한 답을 찾기 위해 공동으로 탐구하고 토론해 문제 해결에 이르는 것을 말한다. 그리고 여러 명이 함께 토론하면 좀 더 깊은 통찰을 얻을 수 있기 때문에 리더와 2명 이상의 토론 참여자로 구성된 그룹 형태로 토론을 진행한다. 이러한 토론은 정답을 제시하는 것이 아니므로 참여자가 정답을 말해야 한다는 강박에서 벗어날 수 있다.

진북 하브루타 7키워드, 1:1 찬반 하브루타 독서 토론 진행 방법

진북 하브루타 독서 토론은 '7키워드 토의식 하브루타 독서 토론'과 '1:1 찬반 하브루타 독서 토론'으로 구성되어 있다. '7키워드 토의식 하브루타 독서 토론'은 협의가 필요한 주제로 낭독, 경험, 재미, 궁금, 중요, 메시지, 필사 등 책 내용에 대한 이야기가 많이 나올 수 있게 도와주는 키워드로 토론을 진행하는 것이다. '1:1 찬반 하브루타 독서 토론'은 찬반이 나뉘는 토론 주제에 대해 '찬반 → 반찬(스위칭) → 찬반(체인징) → 반찬(스위칭) → 창의적 문제 해결 → 소감 나누기' 등으로 진행된다. 보통 2시간을 기준으로 1시간은 7키워드 토의식 하브루타 독서 토론', 1시간은 '1:1 찬반 하브루타 독서 토론'으로 진행하며 구체적인 진행 방법은 다음과 같다.

1 | 7키워드 토의식 하브루타 독서 토론

❶ 낭독(역할극으로 다 함께 텍스트 읽기)

먼저 낭독을 하면서 역할극(라디오극)으로 텍스트를 읽는다. 텍스트를 함께 낭독하는 이유는 각자 묵독을 하면 재미도 없고, 읽는 시간이 차이가 나며, 집중하지 않는 사람도 있기 때문이다. 문학작품이라면 가족 수에 따라 적절히 본문에 나오는 주인공과 등장인물의 역할을 배정하고, 나머지 해설도 돌아가며 맡은 후 라디오 극처럼 생생하게 읽는다. 낭독을 할 때 유아나 초등 저학년 아이의 경우에는 연령을 감안해 읽는 분량을 줄여주는 것이 좋다. 비문학작품이라면 적절하게 분량을 나눠 다큐멘터리의 내레이터처럼 차분하면서도 편안한 목소리로 설명하듯 읽으면 된다. 만약 목소리 변조나 성대모사 등 개인기가 있는 사람은 마음껏 기량을 뽐내도 되고, 연기 욕심이 있는 사람도 자신 있게 끼를 발산하면 된다.

낭독을 할 때 역할을 정하는 기준은 첫째 자천(스스로 하겠다고 하는 사람에게 우선권 주기), 둘째 타천(다른 사람 추천하기), 셋째 지목(원활한 진행을 위해 토론 리더가 지목하기) 등이다. 가족 모두가 한 사람도 빠짐없이 한 줄이라도 낭독할 수 있게 역할을 나누는 것이 좋으며, 인원이 많지 않기 때문에 맡아야 할 역할이 많을 경우, 한 사람이 여러 역할을 맡아도 된다. 만약 낭독하는 중 화장실에 가거나 전화를 받으러 가는 등 읽어야 할 부분을 놓쳤다면 맨 뒤에 읽을 사람과 역할을 바꾸면 된다. 혹시 늦게 오거나 중간에 빠져 낭독에 참여하지 못한 사람이 있을 경우 낭독이 끝난 후 소감 나누기를 할 때 방청객처럼 낭독 역할극을 지켜본 소감을 묻는 것으로 참여할 기회를 주면 된다. 낭독할 때는 유·무선 마이크나 휴대용 마이크를 사용하면 생생한 현장감을 살리는 데 도움이 된다. 사람의 목소리는 울림통이 다른 악기와 같아서 각자 다른 목소리로 낭독을 하면 마치 음악을 듣거나 드라마를 보는 듯한 착각을 불러일으킨다. 그래서 낭독을 하는 것만으로도 재미있다고 말하는 사람들이 많다.

텍스트나 책을 미리 읽고 독서 토론을 하게 된다면 낭독은 다르게 진행한다. 모든 내용을 다시 한번 읽기보다는 토론하는 시간을 많이 가지는 것이 좋으므로 책을 읽으면서 다른 사람에게 소리 내어 읽어주고 싶은 부분(문장이나 대사)을 하나 정한다. 그리고 한 사람씩 돌아가면서 선택한 부분에 대해 세 가지 이야기를 나눈다. 첫째, 몇 페이지, 몇째 줄의 어떤 내용인지 소리 내어 읽는다. 둘째, 그 부분을 낭독하고 싶은 이유를 설명한다. 셋째, 소리 내어 읽으니 어떤 느낌이 드는지 말한다. 낭독을 하고 나서 각 역할에 대한 느낌을 돌아가면서 이야기한다. 낭독 후 느낌 나누기에서는 본문의 내용보다는 역할에 대한 느낌에 초점을 맞추어 가볍게 얘기를 나누면 좋겠다는 말을 미리 해두는 것이 좋다. 되도록 주인공, 등장인물, 해설 순으로 돌아가며 소감을 나눈다. 이때 하브루타 독서 토론 전용 도구인 토킹 스틱을 활용하면 더욱 좋다.

❷ 경험(텍스트 내용과 비슷한 경험 나누기)

다음으로 '경험'에 대해 이야기를 나눈다. 모든 책은 누군가의 경험을 바탕으로 한다. 경험 키워드는 7키워드 중 유일하게 책에서 벗어나 자신의 이야기를 할 수 있는 키워드다. 그 밖에 6개의 키워드는 모두 책 내용에서 찾아야 한다. 경험은 텍스트 내용과 관련해 직간접적으로 경험한 것이나 주인공과 비슷한 경험을 한 적이 있는지 돌아가면서 이야기하는 것이다. 만약 주인공과 비슷한 경험이 없다면 다른 등장인물과 비슷한 경험이나 책에 나오는 다양한 배경 혹은 사건 등과 관련된 경험으로 확장해 물어본다. 부모도 미처 인지하지 못한 아이들의 재미있는 경험 이야기를 들을 수 있을 것이다. 보통 독서 토론을 할 때 책의 주제나 주요 내용, 작가의 메시지에 대한 이야기부터 시작하는 경우가 많다. 그렇게 하면 하브루타 독서 토론이 익숙하지 않거나 책 내용을 잘 이해하지 못한 사람에게는 어렵게 느껴질 수도 있다. 그러므로 본격적인 독서 토론을 하기에 앞서 워밍업을 한다는 생각으로 낭독을 하고 난 후 경험을 나누는 것이 좋다. 고급 음식점에 갔을 때 메인 요리를 먹기 전에 애피타이저로 샐러드를 먹는 것처럼 말이다.

　자신의 경험을 다른 사람에게 이야기하는 데 부담을 느껴 한동안 침묵이 흐르는 경우도 있다. TV나 라디오 생방송에서 3초 이상 정적이 흐르면 방송 사고가 난 것이나 마찬가지다. 그러므로 토론 리더는 순발력을 발휘해 먼저 이야기할 사람을 정해주거나 다른 사람의 예를 살짝 언급하는 것도 좋다. 그리고 경험 나누기는 되도록 돌아가면서 모든 사람이 하도록 한다. 다행히 첫 번째로 지목된 사람이 경험을 얘기하고 나면 다른 사람들도 용기를 얻어 이런저런 얘기를 술술 털어놓는 경우가 대부분이다. 그리고 자신의 비밀을 공유한 친구와 절친이 되듯 가족끼리도 경험을 공유해 더 끈끈해진다. 하브루타라는 말이 히브리어로 친구를 뜻하는 '하베르'에서 파생된 것이고, 하브루타의 바탕은 관계와 소통이라고 했다. 하브루타 독서 토론을 오래 하다 보면 자연스럽게 가족끼리도 서로를 이해하고 배려하는 하베르가 될 것이다.

❸ 재미(재미있었던 부분 찾기)

　'재미'는 책을 읽고 나서 재미있었던 부분에 대해 이야기 나누는 것이다. 재미는 아기자기하게 즐거움을 주는 부분이라고 할 수 있는데,

좀 더 범위를 확장해서 신기하거나, 웃기거나, 기발하거나, 독특하면서 참신한 표현 등도 해당한다. 독서 토론을 해보면 책에서 재미있는 부분을 찾아내기 어려워한다. 책뿐 아니라 일상에서도 재미를 발견하기 어렵다는 생각 때문일 것이다. 독서 토론도 억지로 시켜서 하는 것이 아니라 즐겁고 행복하기 위해서 하는 것이므로 좀 더 적극적으로 재미있는 부분을 찾아보는 것이 좋다. 되도록 재미에 집중해서 찾아보되, 만약 재미있는 부분이 전혀 없다면 감동적이었거나 특별한 정서(희로애락)가 느껴진 부분을 찾아봐도 좋다.

《노는 만큼 성공한다》의 저자 김정운 교수는 재미에 대해 이렇게 말한다.

"너무 익숙해서 아무도 깨닫지 못하는 것을 새롭게 느끼게 만들어주는 이들은 근면 성실한 이들이 아니라 바로 '노는 놈'들이다. 노는 놈들은 놀이를 통해 아주 익숙한 것들을 낯설게 해 새롭게 느낀다. 바로 이때 재미를 느끼는 것이다. 지식 정보화 사회에서 필요한 인재는 바로 이런 노는 놈들이다. 정보와 정보의 관계를 새롭게 만들어주는 이, 너무 익숙해서 우리가 느끼지 못하는 정보의 맥락을 바꿔줌으로써 그 낡은 정보를 새롭게 만들어주는 이, 노는 놈의 힘은 바로 재미다. 재미를 추구하는 자만이 창의적인 노는 놈이 될 수 있다. 놀이와 재미의 적극적인 추구는 '아마도' 또는 '혹시' 하는 엉뚱한 상상을 할 수 있는 용기를 되찾아준다. 엉뚱한 상상이 불가능한 근면 성실한 삶에서는 정보의 어떠한 크로스오버도 일어날 수 없다. 재미가 생략된 노동에서는 어떠한 창의성도 기대할 수 없다. 그래서 21세기의 노동과 놀이는 동전의 양면처럼 함께 있어야 하는 동의어다."

결국 신나게 놀아야 익숙한 것이 새롭게 다가오면서 재미를 느낄 수 있고, 그 과정에서 정보의 맥락이 바뀌기 때문에 창의적인 생각이 가능하다는 말이다. 재미있는 부분을 하나씩 발견해나가다 보면 자연스레 재미있는 상상으로 충만한 창의적인 인재가 될 수 있을 것이다.

❹ 궁금(궁금했던 것을 질문으로 만들기)

'궁금'은 책을 읽고 나서 의문이 든 부분에 대해 이야기 나누는 것이다. 궁금한 부분을 바탕으로 질문을 만들면 책을 능동적이고 적극적으로 읽게 된다. 그리고 하브루타가 질문과 대화, 토론, 논쟁으로 수준을 높여나가는 것이라고 했을 때 가장 기본이 되는 질문에 익숙해지는 방법이기도 하다. 토론 리더는 가족 모두 빠짐없이 질문을 만들도록 유도하는 것이 좋다. 아이들에게 포스트잇이나 작은 종이를 나눠주고 본문 내용 중 궁금했던 것을 질문으로 만들어보라고 한다. 만약 궁금했던 것이 없다고 하면 '주인공에게 물어보고 싶은 것, 다른 등장인물에게 물어보고 싶은 것, 배경 중 궁금한 것, 이해되지 않는 것, 작가에게 물어보고 싶은 것' 등으로 확장하면 궁금한 것이 나온다. 적는 것을 힘들어하는 경우 말로 질문하도록 해도 좋다.

신기하게도 궁금한 것을 하나 찾으면 연달아서 궁금증이 떠오른다. 이렇게 뽑은 질문은 필사까지 끝난 후 자유 토론 시간을 갖고 하나씩 풀어본다. 이때 부모가 정답을 제시하거나 정답이라고 생각되는 쪽으로 대답을 유도하지 않도록 유의한다. 포스트잇이나 작은 종이에 질문을 적는 방식은 질문 만드는 데 익숙해진 다음에 수준을 높여 진행하는 좋은 질문 뽑기, 핵심 해석적 질문 정하기, 핵심 해석적 질문 다듬기 등에도 유용하다. 몇 개월 정도 질문을 만들다 보면 처음에는 하나의 질문도 만들지 못하던 아이들에게서 질문이 쏟아져나와 신기해하는 모습을 보게 될 것이다.

❺ 중요(주관적으로 중요하다고 생각하는 부분 말하기)

'중요'는 책을 읽고 나서 개인적으로 중요하게 생각했던 부분에 대해 이야기 나누는 것이다. 유대인은 가정에서나 학교에서나 아이들에게 쉴 새 없이 '마따호쉐프'라는 질문을 던진다. 마따호쉐프는 '네 생각은 무엇이니?'라는 뜻이다. 이 질문을 들은 아이들은 자신의 생각을 당당하게 피력한다. 만약 자신의 생각을 말하기 어려워하면, 새롭게 알게 된 사실이나 몰랐던 것을 알게 되었거나 인상적인 부분을 선택하면 된다. 취향에 따라 책을 읽으면서 중요한 부분에 밑줄을 긋거나 포스트잇을 붙이는 경우가 많다. 이때 중요도에 따라 초록색, 파란색, 빨간색 등으로 색깔을 구분해서 표시하면 나중에 관련 내용을 찾기가 훨씬 수월하다.

책을 읽고 중요한 부분은 사람에 따라 다를 수 있다. 그리고 언제, 어디서, 어떤 상황에서 읽었느냐에 따라서도 달라진다. 같은 책을 시간이 지나고 나서 다시 읽었을 때도 마찬가지다. 살아오면서 보고, 듣고, 체험한 경험으로 형성된 배경지식이 다르기 때문이다. 하브루타 독서 토론을 진행하면서 사람마다 상황과 여건에 따라 중요한 부분이 다르다는 것을 확인하고 인문 고전 문학작품의 위대한 힘을 다시 느끼곤 한다. 인문 고전이 시공을 초월해 사랑받는 비결은 읽는 사람마다 다른 감동을 주기 때문일 것이다.

❻ 메시지(작가가 글을 쓴 의도 유추해보기)

'메시지'는 작가가 책을 읽는 사람에게 전달하고자 하는 것이 무엇인지에 대해 이야기 나누는 것이다. '중요'와 다른 점은 나뿐 아니라 다른 사람도 중요하게 생각할 만한 부분이라는 것이다. 하브루타 독서 토론을 하다 보면 '중요'와 '메시지'를 구분하지 못해 헷갈리는 사람들이 많다. 그들은 둘이 같은 게 아니냐고 질문하곤 한다. 그런데 실제로 토론을 해보면 중요와 메시지에 같은 대답을 하는 사람은 거의 없다. 토론을 하면서 자연스럽게 구분이 되는 것이다. 책을 쓴 작가가 나에게는 어떤 메시지를 주는지 자유롭게 유추해서 이야기하도록 하고, 어떤 답을 하든 긍정적인 피드백을 해준다.

메시지는 학창 시절 수업 시간에 많이 접한다. 그러나 수업 시간에는 작가의 메시지가 정해져 있었다. 지은이가 본문에서 이것이 주제라고 말한 적도 없는데 말이다. 하나의 작품을 읽고 모두 같은 것을 주제라고 생각해야 한다니 이것이 바로 주입식 교육의 폐해가 아닐까 싶다. 더구나 시험을 보기 위해 선생님을 통해 혹은 참고서에 나와 있는 대로 주입식으로 암기한 메시지는 금세 잊어버리기 십상이다. 하지만 하브루타 독서 토론을 통해 생각하면서 이해한 메시지는 오랫동안 기억에 남는다. 하브루타 독서 토론이 에피소드(경험) 기억을 만들어주기 때문이다. 이런 것이 바로 하브루타 독서 토론의 탁월한 효과다.

❼ 필사(옮겨 적고 싶은 부분 베껴 쓰기)

'필사'는 책을 읽으면서 베껴 쓰고 싶은 부분에 대해 이야기 나누는 것이다. 책을 읽다 보면 자신도 모르게 밑줄을 긋거나 포스트잇을 붙이며 다음에 다시 읽겠다고 생각하는 명문장이나 명대사가 있다. 그 중 노트나 연습장에 옮겨 적고 싶은 부분(문장이나 대사)을 하나 정한다. 그리고 천천히 또박또박 필사하면서 문장을 통해 전하고자 하는 작가의 메시지를 음미해본다. 처음에는 한두 줄 적는 것도 어려워하지만 나중에는 A4 1장 정도의 분량도 쉽게 필사할 수 있게 된다. 처음에는 부담 없이 한 문장 옮겨 적기로 시작하고 점차 분량을 늘려나가는 것이 좋다. 아직 어려서 글씨를 쓰기 힘들다면 작은 노트나 종이에 그림으로 표현하도록 해도 좋다. 아이가 초등학생 이상인 경우 함께 문구점에 가서 예쁜 필사 노트를 마련해주면 좋다. 독서 토론이 끝난 후 독서 토론한 날짜와 책 제목 등을 기록하고 필사하고 싶은 문장을 적은 후, 그 부분을 필사한 이유와 느낌을 적어두면 자신만의 명언집이 될 것이다.

베껴 쓰기를 한 후에는 한 사람씩 돌아가면서 선택한 부분에 대해 세 가지 이야기를 나눈다. 첫째, 몇 페이지, 몇째 줄의 어떤 내용인지 소리 내어 읽는다. 둘째, 왜 그 부분을 필사하고 싶었는지 이유를 설명한다. 셋째, 필사하고 나니 어떤 느낌이 드는지 말한다. 낭독이 소리 내어 읽어주고 싶은 부분에 대한 토론이라면 필사는 베껴 쓰고 싶은 부분에 대한 토론이다.

이렇게 7키워드로 독서 토론을 한 후에는 '궁금' 질문으로 자유 토론 시간을 이어간다. 돌아가며 자신이 만든 질문을 읽어주고 서로의 의견을 듣는다. 독서 토론이 활발하게 이루어지면 그다음 단계로 만든 질문 중 책 주제와 관련해 전반적인 내용을 아우르는 핵심 해석적 질문 찾기 놀이를 하면 좋다. 핵심 해석적 질문은 본문 전체를 관통하는 질문으로 책 내용의 중심 생각을 나타내는 질문이다. 각자 자신이 만든 질문이 왜 중심 주제를 나타내는지 다른 사람을 논리적으로 설득해보는 것이다. 단, 이것도 정답은 없다.

유대인은 가정에서든 학교에서든 아이들이 자신만의 견해를 갖도록 돕는다. 반면 우리 가정이나 교실에서는 자기 생각을 말하는 걸 가장 힘들어한다. 책을 읽고 7키워드로 토론을 하며 마음에 와 닿는 부분을 이야기하다 보면, 우리 아이들도 자연스럽게 자신의 생각을 말하게 되고, 그 과정을 통해 자신만의 견해가 생길 것이다.

2 | 1:1 찬반 하브루타 독서 토론

❶ 찬반 주제 정하기와 하베르(짝) 정하기

'1:1 찬반 하브루타 독서 토론'을 할 때는 우선 찬반이 나뉘는 토론 주제를 정한다. 주제는 '궁금' 질문 중 '찬성/반대', '옳고/그름'으로 의견이 나뉠 수 있는 질문을 채택하는 것이 좋다. 만약 그런 주제가 없다면 찬반 질문을 만들어본다. 주제를 정할 때는 다수 의견에 반하는 내용으로 정하는 것이 좋다. 예를 들어 개발과 자연보호에 대해 찬반 의견이 대립할 때 보호보다는 개발하자는 의견이 다수라고 해보자. 이때는 '자연을 개발하는 것이 옳은가?'로 토론 주제를 정하는 것이 좋다. 개발이 옳다고 생각하면 '찬성', 옳지 않다(자연보호가 옳다)고 생각하면 '반대'가 된다.

토론 주제를 정했다면 두 사람이 짝을 지은 후 찬성, 반대 입장을 나눈다. 짝을 지을 때 얼굴을 서로 마주 보고 있는 사람을 '얼굴짝', 어깨를 서로 마주 대고 있는 사람을 '어깨짝'이라고 한다. 찬반 입장이 자연스럽게 나뉜다면 그대로 시작하면 되고, 입장이 같다면 가위바위보를 하거나 한 사람이 양보해서 찬반을 나누면 된다. 어차피 조금 있다가 상대방 입장에 서보기 때문에 고집을 부릴 필요는 없다.

❷ 1:1 찬반 하브루타의 유의 사항

1:1 찬반 하브루타 독서 토론을 하기 전에 유의 사항을 몇 가지 알려주는 것이 좋다. 첫째, 흥분하거나 싸우지 않는다. 승패를 가리는 것이 아니라 승 - 승을 추구하므로 차분하게 자신의 입장에서 논리적으로 상대방을 설득해야 한다. 둘째, 상대방의 의견이 훌륭하더라도 100% 인정하고 받아들이면 안 된다. 하브루타 독서 토론에서는 탁구 경기에서 공이 왔다 갔다 하듯 서로의 입장에서 말이 오가야 한다. 그런데 어느 한쪽이 상대방 의견에 100% 동의해버리면 더 이상 토론이 진행되지 않는다. 따라서 상대방의 말은 인정하더라도 거기에서 논리적으로 반박 거리를 찾아야 한다. 그래야 하브루타 독서 토론을 이어갈 수 있다.

❸ 1:1 찬반 하브루타 방법

이제 본격적으로 1:1 찬반 하브루타 독서 토론을 시작할 차례다. 먼저 5분 정도 시간을 주고 첫 번째 찬반 하브루타 독서 토론을 한다. 그리고 입장을 바꾼 후 다시 5분 정도 시간을 주고 두 번째 반찬 하브루타 독서 토론을 한다(스위칭). 이번에는 상대를 바꿔서 짝을 이룬 후 다시 5분 정도 시간을 주고 세 번째 찬반 하브루타 독서 토론을 한다(체인징). 이어서 입장을 바꾼 후 다시 5분 정도 시간을 주고 네 번째 반찬 하브루타 독서 토론을 한다(스위칭 2).

❹ 창의적 문제 해결과 쉬우르(정리하기)

20분 정도 찬반, 반찬, 찬반, 반찬 등 짝을 바꿔가면서 하브루타 독서 토론을 하고 난 후, 함께 토론한 네 사람이 옳고 그름을 떠나 현실에서 같은 문제가 생겼을 경우 어떻게 해결하면 좋은지, 좀 더 나은 문제 해결 방법은 없는지 각자의 생각을 말하며 토론한다. 만약 조사가 필요하다면 자료 조사를 할 시간을 갖는다. 그리고 가족끼리 합의가 필요한 내용이라면 자신이 제시한 방안을 채택해야 하는 이유를 논리적으로 설명하며 의견을 좁히는 토론을 한다. 여러 대안 중 투표 등 합리적인 방법으로 합의안을 도출하고 도출된 합의안을 공표한 후 마무리한다.

진북 하브루타 독서 토론의 전체 마무리는 '쉬우르'로 하는 것이 좋다. 쉬우르란 하브루타 독서 토론에 참여한 사람들이 소감을 나누거나 추가로 질문을 던지거나 내용을 요약하거나 정리하는 활동을 의미한다. 쉬우르를 통해 자신의 생각을 정리할 수 있고, 다른 사람들은 어떤 의견을 나누었는지 공유함으로써 생각의 폭과 깊이를 확장할 수 있다. 또 서로의 의견을 칭찬하는 시간을 가짐으로써 정신적 보상을 통한 동기부여에도 도움이 된다. 쉬우르 과정에서 아이들이 질문을 하면, 토론 리더는 가능한 한 답을 가르쳐주려 하지 말고 그 부분에 대해 스스로 생각해보고 답을 찾도록 다시 질문하는 것이 바람직하다.

3 | 자연스럽게 글쓰기로 연결되는
   ## 진북 하브루타 독서 토론

이렇게 진북 하브루타 독서 토론을 하고 나서 글쓰기로 연결하면 더욱 좋다. 글쓰기를 맨 마지막에 선택으로 넣은 것은 대부분 일기와 독후감으로 대표되는 숙제형 쓰기에 대한 '안 좋은 추억'이 있기 때문이다. 그래서 하브루타 독서 토론에 조금 익숙해지거나 쓰고 싶은 마음이 생겼을 때 글쓰기를 하는 것이 좋다. 글쓰기는 '비판적 글쓰기'로 한다. 비판적 글쓰기란 비난하거나 평가하는 글쓰기가 아니라 '작가의 생각에 대한 자신의 생각을 밝히는 글쓰기'를 의미한다. 작가의 생각에 동의한다거나 작가의 생각과 다르다면 왜 다른지, 또는 작가의 생각을 일부 수용하지만 수정이 필요하다든지 등 자신만의 생각을 밝혀보는 글쓰기를 하는 것이다. 앞서 논의를 거쳐 핵심 해석적 질문으로 뽑은 질문이 있다면, 그 내용을 주제로 지금까지 토론한 내용을 종합하고, 자신의 생각을 밝히며 글을 써도 좋다.

하브루타 독서 토론을 통해 말하기, 듣기, 읽기, 쓰기 등 기본적인 의사소통과 언어 사용 능력을 고르게 향상시킬 수 있는데, 그중에서도 가장 눈에 띄게 성장하는 부분이 글쓰기다. 글을 잘 쓰려면 방법과 기술도 중요하지만 더 중요한 것은 바로 '글감(콘텐츠)'이다. 하브루타 독서 토론은 좋은 글감을 만드는 데 가장 효과적인 방법이다. 예를 들어 어떤 주제로 가족 4명이 독서 토론을 하면 자신의 생각뿐 아니라 다른 사람의 생각까지 듣기 때문에 7키워드 곱하기 4명이니 총 28가지 글감을 확보한다. 게다가 좋은 콘텐츠를 다수 확보했기 때문에 내용이 알찬 글을 쓸 수 있다. 이것이 바로 진북 하브루타 독서 토론을 활용한 글쓰기를 적극 추천하는 이유다.

독서 토론은 어렵고 힘들다는 생각에 거리를 두는 사람들이 대부분이다. 하지만 진북 하브루타 독서 토론을 실천해보면 누구나 재미있고 즐겁게 토론하면서 책 내용도 잘 습득할 수 있을 것이다. 자녀가 청소년기에 접어들었다면 관련 텍스트를 다양하게 준비해서 진로 독서나 인성 독서, 교과 독서, 창의 독서, 메이킹 독서 등에 적용한다면 진로 탐색 및 설정, 자연스러운 인성 교육, 교과 이해, 창의성 계발, 메이킹 역량 강화 등에 도움을 주어 더욱 큰 성장을 기대할 수 있을 것이다.

❶ 진북 7키워드 하브루타 활용 글쓰기 방법
① 1단계 7키워드 메모하기 : '낭독'은 낭독하고 싶은 부분에 관한

내용과 이유, 낭독 후 느낌을 적는다. '경험'은 본문 내용과 비슷한 직간접 경험에 관해 쓴다. '재미'는 본문 내용 중에서 웃기거나 재미있었던 부분, 기발하거나 독특했던 부분과 관련된 생각을 쓴다. '궁금'은 책 내용과 관련해 궁금하거나 얘기 나누고 싶은 내용으로 질문을 만든다. '중요'는 개인적으로 중요하게 생각되는 부분을 쓴다. 자기 생각을 밝히는 내용이므로 마무리에 활용하면 좋다. '메시지'는 작가가 이 책을 통해 전달하고자 하는 바나 나뿐만이 아니라 다른 사람도 중요하게 생각하는 부분을 쓴다. '필사'는 베껴쓰고 싶은 부분에 관한 내용과 이유, 필사 후 느낌을 적는다.

② **2단계 이어지는 글쓰기** : 쓰고 싶은 내용을 자유롭게 쓰는 것이 가장 좋으며, 쓰기가 어렵다면 앞서 7키워드로 메모한 내용을 바탕으로 이어지는 글을 쓴다.

③ **3단계 초고쓰기** : 쓰고 싶은 내용을 자유롭게 쓰는 것이 가장 좋으며, 쓰기가 어렵다면 앞서 이어지는 글쓰기 내용을 바탕으로 살을 붙여서 구체적으로 쓰거나 어떤 한 가지 글감을 중심으로 자세히 쓴다.

④ **4단계 원고쓰기** : 쓰고 싶은 내용을 자유롭게 쓰는 것이 가장 좋으며, 쓰기가 어렵다면 앞서 초고쓰기 내용을 바탕으로 제목을 붙이고, 오프닝을 어떤 글로 시작할지, 클로징을 어떤 글로 끝맺

을지 생각해서 쓴다. 가능한 어느 한 가지 주제에 집중해서 글을 쓰는 것이 좋으며, 주제와 관련해 직간접 경험으로 알고 있는 모든 콘텐츠를 잘 살린다(텍스트, 이미지, 오디오, 비디오 등). 예를 들어 읽은 책, 신문 기사, 사회적으로 이슈가 되었던 사건, 만화나 포스터, 라디오나 팟캐스트, 영화나 드라마, 광고, 주변 사람들에게 들었던 인상적인 일화, 전문가의 조언이나 문제해결 솔루션 등이 모두 포함될 수 있다.

❷ 진북 필사요약초서 활용 글쓰기 방법

① **1단계 필사요약초서** : '필사(筆寫)'는 마음에 와닿거나 기억에 남는 인상적인 문장이나 대사를 원문 그대로 10줄 정도 베껴쓴다. '요약(要約)'은 필사한 내용을 바탕으로 5줄 정도로 분량을 줄여서 요약한다. '초서(抄書)'는 요약한 내용에 대한 자신의 생각이나 느낌을 댓글을 달 듯이 가볍게 몇 줄 적는다. 가능한 생각이나 느낌을 많이 적는 것이 좋은 글을 쓰는 방법이다.

② **2단계 이어지는 글쓰기** : 쓰고 싶은 내용을 자유롭게 쓰는 것이 가장 좋으며, 쓰기가 어렵다면 앞서 요약과 초서한 내용을 바탕으로 이어지는 글을 쓴다.

③ **3단계 초고쓰기** : 쓰고 싶은 내용을 자유롭게 쓰는 것이 가장 좋으며, 쓰기가 어렵다면 앞서 이어지는 글쓰기 내용을 바탕으로

살을 붙여서 구체적으로 쓰거나 어떤 한 가지 글감을 중심으로 자세히 쓴다.

④ 4단계 원고쓰기 : 쓰고 싶은 내용을 자유롭게 쓰는 것이 가장 좋으며, 쓰기가 어렵다면 앞서 초고쓰기 내용을 바탕으로 제목을 붙이고, 오프닝을 어떤 글로 시작할지, 클로징을 어떤 글로 끝맺을지 생각해서 쓴다. 가능한 어느 한 가지 주제에 집중해서 글을 쓰는 것이 좋으며, 주제와 관련해 직간접 경험으로 알고 있는 모든 콘텐츠를 잘 살린다(텍스트, 이미지, 오디오, 비디오 등).

7키워드 토의식 하브루타 독서 토론 방법

1. 텍스트를 '낭독'으로 읽고 느낀 점을 나눈다(그림이나 이미지는 생략).
2. 떠오르는 '경험'에 대해 이야기를 나눈다.
3. '재미'있는 부분에 관해 이야기를 나눈다.
4. '궁금'하거나 이야기 나누고 싶은 부분을 찾아본다.
5. 개인적으로 '중요'하다고 생각되는 부분에 관해 얘기한다.
6. 작가가 전달하고자 하는 '메시지'에 대해 얘기한다.
7. 텍스트 중에 '필사'하고 싶은 부분을 베껴쓰고, 어떤 부분을 왜 필사했는지, 느낌은 어떤지 얘기한다(그림이나 이미지는 생략).

1대1 찬반 하브루타 독서 토론 방법

1. 두 사람이 짝을 이룬다.

2. 찬성, 반대 입장을 나누어 3~5분 정도 하브루타 토론을 한다(찬반 토론).

3. 찬성, 반대 입장을 바꾸어 3~5분 정도 하브루타 토론을 한다(반찬 토론/스위칭).

4. 다른 사람과 짝을 이루어 찬성, 반대 입장으로 3~5분 정도 하브루타 토론을 한다(찬반 토론/체인징).

5. 찬성, 반대 입장을 바꾸어 3~5분 정도 하브루타 토론을 한다(반찬 토론/스위칭).

6. 창의적 문제해결 방법에 대해 논의한다.

7. 정리된 생각을 발표한다(쉬우르).

7키워드 무지개 독서 토론 카드를 활용한 독서 토론 방법

만약 엄마나 아빠가 독서 코칭 전문가가 되어 우리 집 맘 코치, 대디 코치가 된다면 더할 나위 없이 좋겠지만 현실적으로 쉽지만은 않은 일이다. 그러나 앞서 소개한 7키워드와 1:1 찬반 하브루타만 있으면 웬만한 독서 토론 전문가 못지않게 우리 집 토론 리더가 될 수 있을 것이다. 만약 약간의 도움이 필요하다면 전문가 과정을 거치지 않고도 우리 집 독서 코치로 자녀들과 즐겁게 독서 토론을 할 수 있도록 해주는 교구의 도움을 받으면 좋다. 최근 진북 하브루타 연구소에서 개발한 '7키워드 무지개 독서 토론 카드'는 한 권의 책을 다 함께 읽고, 카드에서 안내하는 대로 토론하다 보면 쉽고 재미있게 접근하면서도 책 내용을 깊게 이해하며 사고력을 키울 수 있도록 제작되었다. 그동안 7키워드로 독서 토론을 하면 재미있게 토론을 하면서도 일곱 번 반복하는 효과가 있어, 책 내용을 깊게 이해할 수 있어 좋은데, 토론 리더가 되는 교육을 받지 않고 진행하면 하위 질문이나 후속 질문 등 토론을 자연스럽게 이끌어가기가 두렵다는 분들도 많았다. 특히 학교 현장에서 선생님이 반 전체 아이들을 대상으로 독서 토론을 진행하기 위해서는 설명서만 읽고 바로 적용할 수 있는 도구가 있었으면 좋겠다는 의견도 있었다. 이런 필요에 따라 7키워드별로 주로 하게 되는 하위 질문 7개와 공 카드 1개씩을 담은 7키워드 무지개 독서 토론 카드'를 개발하게 되었다. 7키워드 무지개 독서 토론 카드로 토론을 하면 어렵지 않게 독서 토론을 진행할 수 있을 것이다. 진행 방법을 소개하면 다음과 같다(구입 문의 : 학토재 행복가게 02-571-3479 / 구매 좌표 : http://naver.me/xor75N2g).

먼저 한 편의 독서 토론용 텍스트와 '7키워드 무지개 독서 토론 카드'를 준비한다. 텍스트는 10분 내외로 읽을 수 있는 분량이면 좋다. 초등 4학년 이상의 학생들이라면 필자들이 엮은 하브루타용 16편의 텍스트가 실린 '독서 토론을 위한 10분 책 읽기' 시리즈를 권한다.

7키워드 무지개 독서 토론 카드 활용법

- **인원 구성** : 독서 하브루타를 위한 토론 카드이므로, 되도록 4명 이상 짝수로 모둠을 구성하고, 토론 리더를 정하는 것이 좋다. 보통 4인 가족인 경우가 많으니 4인 기준으로 하면 각 키워드별(색깔별)로 2장씩의 카드를 갖게 된다. 토론 리더는 처음엔 엄마나 아빠가 맡고, 점차 자녀들로 확장해 진행한다.
- 토론 리더는 어떤 질문에든 자신이 알고 있는 정답을 말하거나 의견을 말하지 않고 격려하고 지지하는 촉진자 역할만 한다.

- 토론 참가자들은 한 사람의 의견 발표가 끝날 때마다 다 같이 박수로 지지한다.
- 경청을 돕기 위해 예쁜 볼펜 등을 '토킹 스틱'으로 정하고 의견을 말하는 사람만 '토킹 스틱'을 들고 이야기하며, 다른 가족들은 귀기울여 경청하도록 안내한다.
- 짧은 텍스트나 책을 정해 7키워드 무지개 '낭독, 경험, 재미, 궁금, 중요, 메시지, 필사'로 토론을 한다. 7키워드 무지개 독서 토론을 마친 후에는 회색 찬반 카드 또는 각자 뽑은 궁금 질문 중 찬반 질문이나 옳고 그름 질문 중 하나를 선택해 찬반 하브루타로 확장한다.

7키워드 무지개 독서 토론 진행 방법

- 빨간색 낭독 1번 카드를 맨 위에 두고 회색 찬반 64번 카드가 맨 아래 깔리도록 카드를 엎어두거나(왼쪽 사진) 빨·주·노·초·파·남·보·회색 순서대로 카드를 엎어둔다(오른쪽 사진).

- **(빨강) 낭독 카드** : 먼저 빨간색 낭독 카드를 돌아가며 1장씩 뽑아 카드에 나온 방법대로 역할을 정하고, 텍스트를 큰 소리로 돌아가며 낭독한다.

- **(주황) 경험 카드** : 모든 텍스트에는 저자의 직간접 경험이 녹아 있다. 카드를 뽑아 책 내용과 비슷한 자신의 경험, 주변의 경험, 방송이나 영화, 매스컴 등에서 경험한 직간접 경험을 나눈다.

- **(노랑) 재미 카드** : 카드를 뽑아 텍스트를 읽으면서 재미있었거나 독특한 부분, 기발했던 내용, 감동적인 부분, 희로애락(기쁨, 노여움, 슬픔, 즐거움 등)의 감정이 느껴진 부분을 찾아 읽고 이유를 나눈다.

- **(초록) 궁금 카드** : 카드를 뽑아 텍스트를 읽으면서 떠오른 질문, 텍스트에 있는 단어나 문장, 내용, 주인공, 등장인물, 배경, 저자에게 하고 싶은 질문 등으로 포스트잇으로 질문지를 만들고 참가자들과 질문-대답하며 이야기를 나눈다.

- **(파랑) 중요 카드** : 카드를 뽑아 텍스트가 담고 있는 전체적인 내용 중 자신에게 특별히 크게 와 닿은 부분을 찾아 읽고 이유를 나눈다. 옆 짝에게 책 내용을 설명하고 자신이 중요하게 생각하는 부분에 대해 이야기 나누는 설명 하브루타로 확장할 수 있다.

- **(남색) 메시지 카드** : 카드를 뽑아 작가가 이 작품을 통해 어떤 이야기를 하고 싶었을지, 작가가 이 작품을 쓴 이유를 유추해본다.

정해진 정답은 없다.

- **(보라) 필사 카드** : 카드를 뽑아 카드에서 지시하는 내용대로 본문 내용 중에 밑줄 그은 부분 등을 그대로 옮겨 적고 왜 그 부분을 필사했는지, 필사한 느낌이 어떤지 이야기 나눈다. 필사용 예쁜 노트를 마련해 필사 후 자신의 생각을 함께 적어 명언집으로 활용하면 좋다.

- **(회색) 1:1 찬반 하브루타 카드** : 토론을 하면서 찬성과 반대, 옳고 그름으로 나뉘는 주제가 있는 경우 논쟁식 토론인 찬반 하브루타를 실시한다. 먼저, 카드를 뽑고 두 사람이 짝을 이루어 찬성/반대 입장을 나누어 3~5분 정도 하브루타 토론을 한 후, 다음 카드를 뽑아 반대/찬성 입장으로 바꾸어 하브루타 토론을 한다(스위칭). 다시 다음 카드를 뽑고 짝을 바꾸어 찬성/반대 토론을 하고(체인징), 그런 다음 카드를 뽑고 입장을 바꾸어 반대/찬성 토론을 한다(스위칭). 가족 구성원이 6명 이상인 경우 한 세트를 더 뽑는다. 이어서 가족 모두가 한 팀이 되어 좀 더 나은 문제 해결 방법은 없는지, 창의적인 문제 해결 방법에 대해 서로의 의견을 나누고, 실천 사항을 정한 후 마무리한다(집단 지성 발휘).

- **쉬우르** : 리더는 오늘 토론한 전체 내용을 아우르는 질문으로 전체 하브루타 토론을 하거나 참가자 모두의 소감 나누기로 마무리한 후, 각자 자신이 뽑은 카드를 빨·주·노·초·파·남·보·회색 순서대로 들고 독서 토론 마무리 기념사진을 찍는다(선택 사항).

<7키워드 무지개 독서토론 카드>와 함께 사용하면 좋은 하브루타 토론용 추천 교구 리스트

• 7키워드 무지개 독서토론 카드

　http://haktojae.firstmall.kr/goods/view?no=389

• 하브루타 독서보드 보드게임

　https://www.happyedumall.com/goods/view?no=577

• 어린이 하브루타 토론스틱

　http://www.happyedumall.com/goods/view?no=394

• 하브루타 토론스틱 일반

　http://www.happyedumall.com/goods/view?no=395

• 하브루타 주사위 : http://haktojae.firstmall.kr/goods/view?no=385

• 하브루타 토론카드-논어편

　http://www.happyedumall.com/goods/view?no=299

• 진북 하브루타 독서코칭 워크북(저학년, 고학년)

　https://www.happyedumall.com/goods/view?no=492

• 진북 하브루타 토론키트(일반용 27종, 어린이용 27종)

　http://www.happyedumall.com/goods/view?no=396

• 교구 문의 : 행복한 교육을 돕는 가게(학토재)

　http://www.happyedumall.com/Tel. 02-571-3479

7키워드로 토론하면 진짜 문해력이 키워질까?

듣기 · 말하기 · 읽기 · 쓰기를 모두 만족하는 독서 토론

듣기 : 경청하는 습관을 향상시키는 독서 토론 방법

하브루타 독서 토론을 꾸준히 하다 보면 듣기, 말하기, 읽기, 쓰기 등 기본적인 의사소통과 언어 사용 능력을 고르게 향상시킬 수 있다. 가정에서 주로 말하는 사람은 부모다. 그리고 일방적인 지시나 명령, 충고나 조언 등이 주를 이룬다. 그러다 보니 쌍방 통행으로 소통해야 할 부모와 자녀 관계에 불통이 일어나고, 어느새 아이들은 입을 닫게 된다. 그러면 부모는 좀 더 강경한 방법으로 경고하거나 위협하거나 비난하는 등 수위를 높이게 되어 더더욱 소통을 가로막게 된다. 경청이 중요하다는 말을 귀에 딱지가 앉을 정도로 자주 듣지만 우리는 진정으로 경청할 줄 모른다. 오직 자기 이야기를 하기 바쁘다. 한 번도 듣기 훈련을 해본 적이 없기 때문이다.

경청(傾聽)이라는 한자를 뜯어보면 매우 심오한 뜻으로 구성되어 있다. 경(傾) 자는 '기울 경(傾)'으로 '몸을 기울이다.', '마음을 기울이다.'로 해석할 수 있다. 청(聽) 자는 '들을 청'으로 '듣다', '자세히 듣다.', '기다리다', '받아들이다'라는 뜻을 지니고 있다. 경청은 몸과 마음을 상대에게 기울여 상대가 하는 말을 가만히 기다리며, 자세히 듣고 받아들이는 행동인 것이다. 이렇게 단순히 뜻을 파악해도 경청의 뜻이 얼마나 심오한지 느낄 수 있지만, 들을 청 자를 하나씩 파자해보면 더욱 깊은 뜻이 된다. 들을 청(聽)은 '귀 이(耳), 임금 왕(王), 열 십(十), 눈 목(目), 한 일(一), 마음 심(心)이 모여 이루어진 한자다. 즉 '임금이 하는 말처럼, 귀와 눈을 열고 열 번이라도 온 마음을 다해 들으라.'라는 뜻으로, 경(傾) 자와 함께 쓰면 '몸과 마음을 상대에게 기울여 상대가 하는 말을 임금이 하는 말처럼, 귀와 눈을 열고 열 번이라도 온 마음을 다해 가만히 기다리며 자세히 듣고 받아들이라.'라는 뜻이다. 이렇게 경청하는 부모의 모습을 상상해보면 어떤 모습이 떠오를까? 어쩌면 한 번도 그렇게 해본 적이 없어 상상하기 어려울지도 모른다.

하브루타 독서 토론을 하다 보면 자연스럽게 듣는 귀가 발달하고, 경청하는 자세를 배우게 된다. 특히 3장에서 언급한 진북 하브루타 세 가지 규칙 중 '토킹 스틱을 활용한 경청'을 하면 남의 말을 중간에 끊고 말하는 나쁜 습관을 고칠 수 있고, 다른 사람의 말을 집중해서 듣는 능력이 크게 신장된다. 만약 토론 리더를 맡는다면 '적절한 후속 질문 던지기, 텍스트를 참고하도록 돕기, 천천히 토론을 이끌기, 토론 참여자들이 서로 이야기하도록 돕기, 모든 사람이 토론에 참여할 수 있도록 돕기, 참가자들의 의견을 주의 깊게 듣기, 생각을 서로 연관 짓기' 등 토론 리더의 역할을 수행하면서 리더십 중에서도 최고로 꼽히는 경청의 리더십을 키울 수 있다. 그러므로 처음에는 부모가 토론 리더를 맡아서 하다가 자연스럽게 자녀들에게도 토론 리더를 해볼 수 있도록 기회를 마련하는 것이 좋다.

선거 때마다 TV를 통해 방송되는 토론 프로그램을 보면 안타까울 때가 많다. 형식은 '토론'이라고 하지만 상대방의 이야기를 존중하며 경청하는 모습은 보이지 않고, 어떻게 하면 반대를 위한 반대를 해서 상대방을 끌어내릴지만 고민하는 듯한 모습을 보여주기 때문이다. 각 가정에서부터 상대를 배려하고 상대의 말에 귀 기울이는 건전한 토론 문화가 자리 잡는다면, 시민 의식 수준 향상에 큰 도움이 될 것이다.

사고력은 크게 세 가지로 분류할 수 있다. 첫째는 논리적 사고력이다. 논리란 현상을 요소별로 분류해서 순서화하는 것을 의미한다. 일반적으로 남자는 공간 지각 능력이 뛰어나고, 여자는 시각 지각 능력이 뛰어나다고 하는데, 시각 지각 능력의 핵심이 분류와 순서다. 논리적 사고력을 향상시키기 위해서는 "이게 좋아, 저게 좋아?", "걸어갈래, 차 타고 갈래?" 등 두 가지 중 택일하도록 만드는 질문이 아닌 'Why'와 'How'가 들어간 열린 질문을 많이 하는 것이 좋다.

둘째는 관계적 사고력이다. 행복한 사람은 관계에 성공한 사람이다. 그리고 좋은 관계의 출발은 배려. 관계는 고정된 답으로 외워서는 안 되고, 변화되고 발전되는 특성을 이해해야 한다. 관계적 사고력을 향상시키기 위해서는 '학교-선생님, 호수-오리, 집-벽돌' 등 고정된 답으로 외우는 것이 아니라 둘 사이의 공통점 찾기, 차이점 찾기 등 비유를 잘하는 것이 중요하다.

셋째는 발산적(창의적) 사고력이다. 창의성이란 타성에서 벗어나는 것을 의미한다. 창의적 사고력을 기르려면 간짜장을 시켜서 아무 생각 없이 면에 짜장을 부어 먹는 입출금식 교육 방식에서 벗어나, 면과 짜장을 따로 먹는다거나, 새로운 것을 가미해 먹는다거나, 완전히 새로운 방식으로 창조해서 먹는 등 지금까지 해보지 않은 다양한 방식에 도전할 수 있는 융통성을 허락하는 것이 중요하다.

그런데 우리가 세 가지 사고력을 모두 활용할 때가 있다. 시험 성적, 업무 성과, 교우 관계, 거짓말, 실수, 싸움 등으로 밤새 고민할 때다. 그러나 자연스럽게 사고력을 향상시키고 싶다고 해서 일부러 고민할 상황을 만들 수는 없고, 바람직하지도 않다. 좀 더 차원 높은 목표를 설정하는 것과 같이 시련과 고통의 환경에 스스로를 노출시켜 문제를 해결해나가다 보면 논리적, 관계적, 발산적 사고력을 전반적으로 향상시키게 될 것이다.

논리적으로 말하는 능력을 향상시키는 데 도움이 되는 방법을 소개한다. 첫째, IBC(Introduction, Body, Conclusion) 원리다. IBC란 서론, 본론, 결론을 의미하며, 일반적으로 논리적인 글을 쓸 때 많이 사용하는 방법이다.

예를 들어 어떤 사람이 서울을 소개하면서 "저는 서울이 관광하기 좋은 도시라고 생각합니다. 먹거리, 놀 거리, 즐길 거리가 많기 때문입니다. 서울에 꼭 한번 오세요."라고 하기보다, 좀 더 논리적으로 "저는 서울이 관광하기 좋은 도시라고 생각합니다. 먹거리, 놀 거리, 즐길 거리가 많기 때문입니다. 첫째, 먹거리로는 장충동 족발, 신당동 떡볶이, 신림동 순대가 유명하고, 둘째, 놀 거리로는 롯데월드, 어린이대공원, 코엑스 아쿠아리움 등 선택할 곳이 많고, 셋째, 즐길 거리로는 인사동, 남산타워, 청계천, 서울숲, 한강시민공원 등이 있습니다. 이외에도 좋

144

은 곳이 많으니 꼭 한번 오세요."처럼 사례를 들어 구체적으로 말하면 된다.

둘째, PREP(Point, Reason, Example, Point) 원리다. PREP는 핵심, 이유, 예시, 강조를 의미한다. 우리는 보통 배고플 때 "엄마, 배고프니까 밥 줘요."라고 말한다. 이 말에 PREP를 적용하면 "엄마, 나 지금 너무 배가 고파요. 어제저녁부터 한 끼도 못 먹었기 때문이에요. 어느 정도냐면 뱃가죽과 등가죽이 붙을 지경입니다. 그러니 제발 밥 좀 주세요."처럼 표현하게 된다. 그냥 밥을 달라고 하는 것과 PREP를 적용한 논리적인 표현을 써서 밥을 달라고 했을 때 어느 쪽이 빨리 맛있는 밥을 먹을 수 있을까? 당연히 후자일 것이다.

IBC와 PREP는 전 세계에서 공통적으로 사용하는 논리적 말하기와 글쓰기 비결이다. 독서 토론을 할 때는 자신도 모르게 IBC나 PREP를 활용하면서 근거를 들어 자신의 주장에 힘을 싣는다. 유대인의 논리적 설득력은 바로 하브루타 토론에서 비롯된 것이다. 미국에서 활약하고 있는 글로벌 기업 CEO 중 30% 이상, 워싱턴에서 활약하고 있는 변호사 중 45% 이상이 유대인이라고 하니, 하브루타 독서 토론을 꾸준히 한다면 고도의 사고력과 논리적 설득력을 갖춘 미래 인재가 될 수 있을 것이다.

교육학 용어 사전에 따르면 '읽기'는 '해독과 사고의 두 가지 능력을 모두 포함하는 의미로, 시각을 통해 문자를 인지하고 인지한 문자를 음성기호로 옮기며, 의미를 이해하고 이해한 것을 분석·비판·수용·적용하는 행동'이라고 정의한다. 읽기 능력은 학습 능력을 결정할 만큼 중요한 능력으로 전문가들은 '읽기=공부'라고 정의하기도 한다. 학습을 한다는 것은 컴퓨터에 자료를 입력하고 저장하고 출력하는 것과 비슷하다. 그런데 '입력-저장-출력' 중 가장 중요한 단계가 무엇일까? 바로 입력이다. 입력된 것이 없으면 저장될 것도 출력될 것도 없기 때문이다. 그런데 입력에 오류가 일어나면 어떤 일이 생길까? 당연히 저장되고 출력될 때 처음에 기대한 결과물이 나오기 힘들 것이다.

하브루타 독서 토론 모임을 하다 보면 책을 정말 맛있게 읽는 아이가 있는가 하면, 가끔은 난독증이 의심되는 경우도 있다. 그리고 책을 읽는 것만 봐도 급한 성격인지, 느긋한 성격인지 가늠할 수 있다. 읽기에 큰 문제가 없더라도 억양이나 끊어 읽기, 문장 읽기 등이 매끄럽지 않은 경우도 있다. 요즘 아이들은 영상 세대이다 보니, 10여 년 전과 비교해봐도 읽기 능력이 현저히 떨어지는 모습을 보게 된다. 읽기 능력의 중요성은 시대를 막론하고 강조되어왔다.

《독서와 난독증의 뇌과학》을 쓴 난독증 치료의 권위자 박세근 소아

청소년과 전문의는 "수명이 길어지고 평생 학습해야 하는 시대인 지금, 그 어느 때보다도 읽기 능력이 중요해졌다."고 강조한다. 그는 "의사소통 도구가 몸짓 언어, 말소리 언어, 문자 언어로 발전해왔는데, 문자를 제대로 읽지 못한다는 것은 한 가지 언어를 갖추지 못한 것과 같다."고 말한다. 아울러 책을 통해 얻을 수 있는 수많은 지식과 정보에서 소외되는 결과를 빚기 때문에 난독증은 반드시 치료해야 한다고 강조하면서, 만약 아이가 난독증인 경우에도 조기 진단과 맞춤형 치료로 바로잡을 수 있다고 한다.

난독증의 중요한 치료법 중 하나가 '큰 소리로 읽기'다. 책을 소리 내어 읽다 보면 읽기에 어떤 문제가 있는지 알 수 있다. 난독증은 아니지만, 성격이 급한 경우에도 글자를 생략하고 읽거나, 다른 글자로 바꿔 읽거나, 없는 글자를 추가해서 읽기도 한다. 이런 경우에도 계속 소리 내어 한 글자, 한 글자 또박또박 천천히 읽는 노력을 기울이다 보면 많이 개선되는 모습을 볼 수 있다. 진북 하브루타 독서 토론은 낭독 필사·토론으로 이루어져 있기 때문에 매번 텍스트를 소리 내어 함께 읽는다. 등장인물이 있는 경우에는 등장인물의 특징을 살려 마치 배우처럼 생생하게 현장감을 살려 읽는다.

묵독으로 혼자 책을 읽을 때는 아이가 어떤 글자를 잘못 읽는지, 책을 제대로 읽고 있는지 알 길이 없다. 그러므로 소리를 내어 책을 읽고 책 내용에 대한 생각을 말하는 독서 토론이야말로 아이들의 언어능력을 획기적으로 향상시키는 신의 한 수라고 할 것이다.

예전에는 아이의 자신감을 키워주기 위해 웅변 학원에 보냈다. 그곳에서는 주어진 텍스트를 달달 암기해서 사람들 앞에서 큰 소리로 암송하도록 했다. 물론 그런 방법도 자신감을 키워주거나 읽기 능력을 향상시키는 데 일정 부분 도움을 줄 수 있겠지만, 그 순간뿐이다. 그러나 주기적으로 책을 함께 읽고 책 내용을 바탕으로 자신의 생각을 말하며 토론하는 것은 자신감을 키워주는 것은 물론 사고력을 키워준다. 언제 어디서든 자신의 생각을 거침없이 말할 수 있는 자기 주도적인 아이가 되는 것이다. 하브루타 독서 토론은 아이의 읽기 능력을 획기적으로 향상시키는 최고의 언어 교육 방법이라 할 수 있다.

쓰기 : 비판적 글쓰기 능력을 향상시키는 독서 토론 방법

독서 토론의 마무리는 비판적 글쓰기로 하면 좋다. 비판적 글쓰기란 글쓴이의 의도(견해)에 대한 내 입장과 근거를 밝히는 글쓰기로, 문제 인식을 바탕으로 문제를 해결하는 글쓰기를 말한다. 비판적 글쓰기의 형식은 자유롭게 열어두어 제한하지 않으며, 자신의 생각에 따라 스스로 결정하는 것이 좋다.

진북 하브루타 독서 토론을 오래 하다 보면 가장 두드러진 변화를 보이는 부분이 글쓰기다. 처음에는 몇 줄 쓰기도 힘들어하던 아이들이 어느새 노트 한 장을 순식간에 훌륭한 글로 채울 정도로 실력이 향상되기 때문이다. 일반적으로 글쓰기가 어려운 이유는 쓸 거리(글감)가 부족하기 때문이다. 하브루타 독서 토론을 꾸준히 하다 보면 자기의 생각에 다른 사람의 생각을 더할 수 있기 때문에 자연스럽게 쓸 거리가 많아진다. 몇 달 정도 지나면 사고력과 함께 글쓰기 실력도 비약적으로 발전하게 되는 것을 볼 수 있다.

효과적인 비판적 글쓰기를 위해 몇 가지 알아두면 좋을 내용들이 있다.

첫째, 비판의 의미다. 비판이란 무언가를 비난하는 것이 아니라 비교 분석해 판단하는 것, 의문을 제기하는 것, 가치를 평가하고 판단하는 것, 잘못된 것을 찾는 것, 잘된 것을 칭찬하는 것 등을 의미한다.

둘째, 비판적 사고의 의미다. 비판적 사고란 새로운 변화에 따라 발생하는 새로운 형태의 문제들에 적절히 대응할 수 있는 상황 적응 능력을 말한다. 즉, 상대적인 관점으로 생각해보는 것, 객관적인 시각으로 바라보는 것, 종합적으로 생각해보는 시각 등이 필요하다.

셋째, 비판적 사고와 창의적 사고다. 비판적 사고와 창의적 사고는 완전히 별개의 것이 아니다. 훌륭한 비판적 사고는 그 성질상 창의적이며, 훌륭한 창의적 사고에는 항상 진행 중인 지식을 비판적으로 평가하고 향상시키는 것이 포함된다.

비판적 글쓰기의 기초도 알아두면 좋다.

첫째, 글을 쓰는 순서는 ① 글감(쓸 거리) 찾기 → ② 중심 생각 정하기 → ③ 소재 선정하기 → ④ 구성하기(글의 짜임) → ⑤ 표현하기(실제 글쓰기) → ⑥ 고쳐 쓰기(퇴고) 등으로 구성된다.

둘째, 구성은 처음(서론), 중간(본론), 끝(결론)의 3단 구성이 좋으며, 한 편의 글은 총 4~5문단이 적당하다.

셋째, 처음은 인상적으로 시작하고, 중간은 다양한 자료를 참고해 근거를 풍부하게 하며, 끝은 자신의 생각을 더해 해결책을 제시하면서 처음과 중간에서 얘기했던 내용을 전체적이고 종합적으로 마무리하는 것이 좋다.

넷째, 다양한 텍스트를 꾸준히 접하면서 좋은 글을 볼 줄 아는 안목을 키워야 한다.

다섯째, 객관적이지 않은 주관적 판단 기준은 피해야 독창성을 방해하지 않고 개성을 발휘할 수 있다.

여섯째, 자신의 생각이나 느낌, 경험 등을 솔직하게 쓰도록 한다.

일곱째, 글의 가장 중요한 요소는 자신의 개성이 드러나는 자신만의 글이어야 한다.

글을 쓰는 목적은 자신의 사상과 감정을 효과적으로 표현하고 전달하기 위함이므로 좋은 글의 요건도 알아두면 좋다.

첫째, 독창성이다.

글의 내용과 표현에 있어서 참신성과 개성을 보여주는 글이 좋은 글이다. 소재와 시각, 표현이 독창적이어야 한다.

둘째, 충실성이다. 소재와 주제가 명료하게 드러나는 글이 좋은 글이다.

셋째, 진실성과 성실성이다. 내면의 진실이 가감 없이 드러나야 좋은 글이다. 진실성에는 성실성이 뒤따라야 한다. 글쓰기는 수공업과 같이 성실하게 한 자 한 자 써나가야 하기 때문이다. 넷째, 명료성이다. 전달하고자 하는 의미가 명확하게 드러나 있어 독자가 쉽게 이해할 수 있는 글이 좋은 글이다. 평이하고 간결하게 써야 하고 의미가 모호하고 막연한 표현은 피하는 것이 좋다.

다섯째, 정확성이다. 의미에 모순이 없고 어법상 각종 규칙을 지키는 글이 좋은 글이다. 논리와 어법에 맞는 문장을 써야 한다.

여섯째, 경제성이다. 최소한의 표현으로 최대한의 의미를 전달하는 글이 좋은 글이다. 같은 말을 반복하거나 불필요한 수식어나 에둘러 말하는 어법은 피하는 것이 좋다.

일곱째, 정직성이다. 남의 글을 빌려서 인용할 때는 그 사실을 분명히 밝히는 글이 좋은 글이다.

비판적 글쓰기를 한 후에 자신이 쓴 글을 발표하도록 하고 부모(리더)가 피드백을 해주는데, 피드백은 아주 구체적이어야 하며 칭찬은 확실히 해주는 것이 좋다. 피드백을 할 때는 다음과 같은 사항에 유의해야 한다.

첫째, 가장 좋은 부분은 어디인지, 중심 생각이 잘 드러나 있는지, 자신만의 생각이 잘 표현되었는지, 바꾸거나 추가하고 싶은 내용이 있는지를 기준으로 질문하고 피드백한다.

둘째, 제목이 글 내용과 잘 어울리는지, 순서에 맞게 글이 잘 전개되었는지, 매끄럽지 못하거나 수정해야 할 문장이 있는지를 기준으로 피드백한다.

셋째, 피드백 시 동기부여에 도움이 되는 칭찬의 말을 많이 한다. "정말 공감이 가는 내용이구나.", "무슨 말인지 귀에 쏙 들어오는 것 같다.", "영화를 보고 있는 것처럼 생생하구나.", "글에서 힘이 느껴진다.", "신문 사설에 실을 만한 글이구나.", "핵심을 정확히 파악했구나.", "잘 짜여진 그물처럼 보인다.", "독자의 기억에 여운을 남기는 마무리가 인상적이구나.", "면도날처럼 예리한 분석을 했구나."같이 구체적인 칭찬을 해주는 것은 글쓴이를 춤추게 한다.

고쳐 쓰기를 할 때도 유의 사항이 있다.
첫째, 의사가 질병의 원인을 진단하듯이 글을 세밀하게 살펴본다.

둘째, 글의 전체 내용이 주제를 벗어나지는 않았는지 살펴본다.

셋째, 9품사(명사, 대명사, 수사, 조사, 동사, 형용사, 관형사, 부사, 감탄사)를 정확히 알고 정확히 띄어 쓰기를 했는지 살펴본다.

넷째, '왜냐하면 ~ 때문입니다.'와 같이 호응 관계가 적절한지 확인한다.

다섯째, 전체 → 문단 → 단락 → 문장 → 단어 순서로 단계적으로 고쳐 쓰도록 한다.

여섯째, 문장은 어법(문법)에 맞아야 하고, 뜻이 분명한지, 문장의 길이가 지나치게 길거나 짧지 않은지 살펴본다. 띄어쓰기나 맞춤법은 잘되었는지, 적절한 단어를 사용하고 있는지, 글의 제목은 본문 내용과 잘 맞는지 살펴보고, 마지막으로 처음/중간/끝은 각기 제구실을 하고 있는지, 각 부분의 연결이 전체적으로 자연스러운지 등을 꼼꼼히 살펴본다.

진북 하브루타 5단계 독서 토론 로드맵
- 독서와 토론으로 평생 행복한 글쓰기

건물을 짓기 위해서는 청사진이 필요하고, 높은 산에 오르려면 나침반과 지도가 필요하듯이 독서 능력 향상을 위해서도 구체적인 로드

맵이 필요하다. '진북 하브루타 독서 토론 로드맵 2.0'은 종합적인 독서 능력 향상을 통한 책쓰기까지 이루어지는 총 5단계 프로세스로 이루어진다. 우리 집 토론 리더인 엄마(맘 코치)나 아빠(대디 코치)가 5단계 프로세스를 이해하고 이끌어주면 좋고, 성인 또는 청소년 대상 진북 하브루타 독서 코칭 프로그램에 참여해도 좋다. 성인의 경우 주 1회 2시간 기준으로 단계별 10주씩 총 50주(1년)가 기본 과정이며, 청소년의 경우 주 1회 2시간 기준으로 단계별 50주씩 총 250주(5년)가 기본 과정이다. 구체적인 단계별 내용은 다음과 같다.

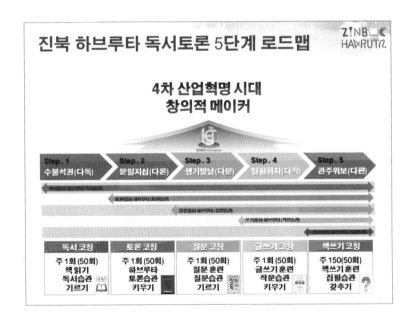

진북 하브루타 독서 토론

첫째, 1단계는 '수불석권(手不釋卷, 손에서 책을 놓지 않는다는 뜻으로 늘 책을 읽는다는 의미)'으로 다독(多讀)에 초점을 맞춘다. 주 1회 독서 중심 하브루타 독서 토론을 통해 책 읽기에 중심을 두고 정기적으로 책을 읽으면서 독서 습관을 기른다.

둘째, 2단계는 '문일지십(聞一知十, 하나를 알면 열을 안다는 뜻으로 토론을 통해 지식과 정보를 빠르고 정확하게 습득하는 것을 의미)'으로 다론(多論)에 초점을 맞춘다. 주 1회 토론 중심 하브루타 독서 토론으로 토론에 좀 더 중점을 두고 정기적으로 하브루타 독서 토론을 진행하면서 토론 습관을 키운다.

셋째, 3단계는 '생기발랄(생각 기술로 발상의 날개를 단다는 뜻으로 질문을 통해 사고력을 확장하는 것을 의미)'로 다문(多問)에 초점을 맞춘다. 주 1회 질문 중심 하브루타 독서 토론으로 질문에 중점을 두고 정기적으로 독서 토론을 하면서 질문 훈련을 통해 질문 습관을 기른다.

넷째, 4단계는 '일필휘지(一筆揮之, 단숨에 줄기차게 글씨나 그림을 훌륭하게 그려낸다는 뜻으로 지식과 정보를 잘 표현하는 것을 의미)'로 다작(多作)에 초점을 맞춘다. 주 1회 쓰기 중심 하브루타 독서 토론으로 글쓰기에 중점을 두고 정기적으로 독서 토론을 하면서 글쓰기 훈련으로 작문 습관을 키운다.

다섯째, 5단계는 '관주위보(貫珠爲寶, 구슬이 서 말이라도 잘 꿰어야 보배라는 뜻으로 지식 정보를 잘 구성하는 것을 의미)'로 다편(多編)에 초점을 맞춘다.

주 1회 집필 중심 하브루타 독서 토론으로 원고 쓰기에 중점을 두고 정기적으로 책쓰기 훈련을 하면서 집필 습관을 키운다.

예를 들어 1단계 독서 중심 하브루타 독서 토론은 주 1회 2시간 정도 단편 문학 작품으로 독서 토론을 하면서 읽고 이해하는 능력 향상에 주력하고, 2단계 토론 중심 하브루타 독서 토론은 주 1회 2시간 정도 세계 문학작품으로 독서 토론을 하면서 생각을 말로 표현하는 능력 향상에 주력한다. 3단계 질문 중심 독서 토론은 주 1회 2시간 정도 중편(장편) 문학작품으로 하브루타 독서 토론을 하면서 좋은 질문을 만드는 능력 향상에 주력하고, 4단계 글쓰기 중심 하브루타 독서 토론은 주 1회 2시간 정도 동서양 인문 고전으로 독서 토론을 하면서 7키워드나 필사와 요약, 초서를 통해 생각을 글로 표현하는 능력 향상에 주력한다. 5단계 책쓰기 중심 하브루타 독서 토론은 주 1회 2시간 정도 관심 주제의 비문학 작품으로 독서 토론을 하면서 기획력과 구성력, 표현력 향상에 주력한다.

이처럼 무슨 일이든 기본기가 중요하다. '진북 하브루타 독서 토론 5단계 프로세스'는 지적 성취를 이루기 위해 기본기를 다지는 최고의 프로그램이다. '책을 읽고 토론하고 글을 쓰는' 기본기가 탄탄하게 다져지고 나면 늘 책을 벗 삼아 연구하며, 책을 펴내는 저술가로 변신하는 계기를 마련할 수 있다. 만약 우리 자녀들이 앞에서 소개한 로드맵대로 장기적인 진북 하브루타 독서 토론 5단계 프로세스를 꾸준히 실천한다면, 평생 책을 읽고 토론하며 자신의 견해를 만들고, 궁극적으로 관심 분야의 책을 쓰는 작가의 길을 걷는 것도 가능해질 거라 믿는다.

인생의 여섯 번째 친구는 누구인가?
✦ 하브루타와 행복 ✦

　최근 진북 하브루타 독서 토론 교사, 학부모 연수를 진행하면서 낭독 역할극 시간에 잠재되어 있던 연기력을 폭발시켜 사람들에게 큰 웃음을 선사하는 분들이 늘어나고 있다. 그분들 덕분에 손뼉을 치면서 함박웃음을 짓는 사람들을 보면서 '진정한 행복이란 이런 게 아닌가?'라는 생각이 들었다.

　행복한 삶을 영위하기 위해서는 일과 놀이, 휴식이 조화를 이뤄야 하며, 독서와 운동, 영화, 음악, 여행 등 인생의 다섯 친구도 가까이하면 좋다. 그리고 각자 자신의 성격과 취향에 잘 맞는 개인적인 취미를 인생의 여섯 번째 친구로 삼으면 더욱 좋을 것이다. 어느 순간부터 진북 하브루타 독서 토론은 인생의 여섯 번째 친구가 되었다.

　낭독(역할극)은 각본과 연출로 억지웃음을 만드는 주말 예능 프로그램과는 달리 현장에 참여한 사람들이 살아 있는 웃음을 만들기 때문에 한번 여기에 맛을 들이면 TV가 재미없다고 느끼게 된다. 우리의 작은 꿈 중 하나가 주말 황금 시간대에 인기 예능 프로그램과 진북 하브루타 독서 토론이 동시에 진행되었을 때 후자를 선택하는 사람들이 많아지는 것이다. 인스턴트나 패스트푸드 같은 스쳐 지나가는 웃음이 아니라 오래 묵은 된장이나 간장처럼 진한 맛과 향을 간직한 웃음을 만나고 싶다면 진북 하브루타 독서 토론을 시작하길 바란다. 7키워드와 1:1 찬반 하브루타만 적용하면 되니 얼마나 쉬운가?

　마음에 드는 문장이나 대사를 그대로 옮겨 적으면서 그 내용을 음미하는 필사도 큰 기쁨을 준다. 처음에는 한두 줄로 시작하다가 한두 문단으로, 한두 페이지로 분량이 늘어나면 필사의 진수를 느낄 수 있다. 필사를 하면서 내용을 요약해보기도 하고, 떠오르는 생각을 메모하면서 짧은 글을 써보기도 하면 필사의 매력에 더욱 깊이 빠져들게 될 것이다. 옛

날 공부하는 선비들이 서예로 정신적, 육체적 수양을 했듯 현대인들에게 필사는 몸과 마음을 갈고닦는 방법으로 추천할 만하다.

토론(하브루타)은 자신의 생각뿐 아니라 다른 사람의 생각도 효과적으로 습득할 수 있게 도와주기 때문에 다양한 관점과 시각을 갖추는 데 효과적이다. 토론을 하면서 자신의 경험도 나누고, 속마음과 감춰두었던 생각을 밖으로 꺼내면서 서로를 제대로 알아가는 시간이 된다. 그래서 진북 하브루타 독서 토론 모임에 참석한 사람들은 금방 친해지고, 끈끈한 관계를 지속할 수 있다.

행복 지수는 하루 24시간 중에서 기분 좋은 상태가 얼마나 되는지로 가늠할 수 있다고 한다. 바쁜 일상에 찌들어 기분이 좋지 않은 사람이라면 일주일에 한 번이라도 가족이나 이웃, 커뮤니티 동료와 함께 진북 하브루타 독서 토론을 통해 행복한 시간을 만들어보길 바란다. 또 사람이 가장 행복할 때는 스스로 성장과 발전을 느낄 때라고 한다. 진북 하브루타 독서 토론을 꾸준히 실천하면 좋아하는 사람들과 재미있고 유익한 책을 읽으며 즐겁게 소통하기 때문에 지속적인 성장 발전이 가능하다. 육체적 성장은 사춘기 무렵에 멈추지만 정신적 성장은 진북 하브루타 독서 토론을 통해 평생 이룰 수 있다.

우리의 또 다른 작은 꿈 중 하나는 진북 하브루타 독서 토론을 위한 전용 공간을 마련하는 것이다. 조용한 클래식 음악이 흐르는 카페에서 향긋한 커피를 마시며 서로를 존중하고 배려하는 마음을 지닌 사람들과 자유롭게 하브루타 독서 토론하는 모습을 상상해보라. 그 얼마나 멋지고 아름다운 모습인가! 디즈니랜드를 설립한 월트 디즈니는 머릿속으로 상상했을 때부터 눈으로 보는 것처럼 놀이공원을 생생하게 그렸다고 한다. 프랑스인들이 야외 카페에서 남녀노소를 가리지 않고 논술형 대입 자격시험인 바칼로레아 논제로 열띤 토론을 벌이는 것처럼 한국의 하브루타 카페에서 오순도순 모여 앉아 도란도란 이야기 꽃을 피우게 될 날을 꿈꿔본다. 꿈은 이루어진다.

4장

쉽게 따라 할 수 있는 진북 하브루타 독서 토론 사례

유·초등 자녀와 함께 하는
그림책 하브루타 독서 토론

그림책 하브루타 독서 토론 진행 방법

유·초등 자녀들과 그림책 하브루타를 하려면 주제가 명확하고, 이 야깃거리가 많으며, 다양한 질문이 나올 수 있는 그림책을 고르는 것이 좋다. 아울러 그림이 선명하고 그림만 봐도 스토리를 엮을 수 있으면 더욱 좋다. 가끔 글이 너무 많은 그림책을 고르는 경우가 있는데, 온전히 집중하며 하브루타를 하기에는 글이 많은 것보다 오히려 글씨가 없는 그림책이 더 좋다. 그림책 하브루타 진행 방법과 아이들이 좋아하는 유·초등 그림책 하브루타 사례 몇 가지를 소개한다.

1 | 표지 읽기

그림책 하브루타는 7키워드 하브루타 독서 토론에 들어가기 전에 표지를 읽는다. 되도록 포스트잇으로 책 제목을 가려놓고 표지를 보며 다양한 생각을 하도록 한다. 아이가 먼저 질문을 하면 좋지만, 그렇지 않다면 책 표지의 단서를 충분히 활용해 다양한 질문을 한다. 주로 다음과 같은 질문을 할 수 있다.

"표지에서 무엇을 보았니?"
"그림을 보니 어떤 느낌이 들어?"
"이 책에 제목을 붙여본다면 뭐라고 붙일 수 있을까?"
"이 책의 작가는 누구야?"

단, 작가에 대해 물을 때 주의할 점이 있다. 작가에게 관심을 갖는 것은 아주 좋은 습관이지만 표지를 보면서 작가가 쓴 다른 책을 읽어본 경험이 있는지 물으면 엉뚱한 곳으로 흘러갈 수 있으니, 작가에 대한 경험은 경험 키워드에서 다루는 게 좋다. 그리고 유아라면 괜한 스트레스를 줄 수 있으니 묻지 않아도 좋다.

2 | 낭독

그림책 내용을 자연스럽게 아이와 돌아가며 읽는다. 역할이 나올 때는 성대모사를 하며 읽으면 더 재미있다. 되도록 주인공이나 등장인물 역할은 아이들이 맡고 글이 많은 해설은 아빠나 엄마가 함께 돌아가면서 읽으면 좋다. 글씨를 모르는 유아의 경우에는 엄마나 아빠가 천천히 읽어주며 그림에 집중하도록 돕는다. 그림책은 읽는 데만 중점을 두어 성급히 넘기지 말고 한 장 한 장 충분히 그림을 음미하며 많은 이야기를 나누도록 한다.

3 | 경험 나누기

주인공이 하는 행동과 비슷한 경험을 한 적이 있는지 먼저 묻는다. 만약 비슷한 경험이 없다면 책 내용과 관련된 다양한 경험을 하나씩 묻는다. 이때 아이가 질문하면 아이의 질문을 중심으로 하브루타를 하면 된다. 아이의 질문에 부모가 단답형으로 대답하지 말고, 다시 질문으로 아이 스스로 생각해볼 수 있게 도와주는 것이 중요하다. 이 책을 쓴 작가의 다른 그림책을 본 적이 있는지도 묻는다. 이렇게 질문을 확장하면 다양한 이야기가 나올 것이다.

4 | 재미 찾기

책을 읽고 나서 재미있었던 부분을 찾아보도록 한다. 좀 더 범위를 확장해 신기하거나 독특하면서 참신한 표현도 해당된다. '노는 것'이 제일 중요한 일과 중 하나인 아이들은 생각보다 재미있는 부분을 잘 찾아낼 것이다.

5 | 궁금 질문

책을 읽으면서 궁금했던 것을 포스트잇에 적어보도록 한다. 글을 못 쓰는 유아나 초등 저학년 아이와 함께 할 경우 말로 질문해도 좋다고 안내한다. 이때 아이의 질문을 받아 적어주는 것도 좋다. 그런 다음 가족 전체가 머리를 맞대고 그 질문을 하나씩 생각해보며 답한다. 이때도 진행을 맡은 엄마나 아빠는 답을 말하지 않는 것이 좋다. 리더가 답을 하는 경우 정답으로 생각할 수 있기 때문이다.

6 | 중요 : 아이의 생각 듣기

책을 읽고 나서 어떤 생각이 들었는지 아이의 생각을 들어본다. 정답이 있는 것이 아니므로 어떤 이야기를 하든 박수로 격려한다.

7 | 메시지 : 작가가 이 작품을 쓴 의도를 생각해보기

이 작품을 쓴 작가는 작품을 통해 어떤 이야기를 하고 싶을지 물어본다. 책의 주제와 관련 있는 키워드지만 정답은 없다. 작가가 이 책을 왜 썼는지 생각해보면서 다른 사람의 생각에 대해 생각해보는 훈련도 될 수 있다.

8 | 필사와 독후 활동

유·초등 아이들은 특히 엄마와 따뜻한 책 이야기 나누기와 더불어 재미있는 독후 활동이 연결되면 책 읽기 시간을 기다리게 된다. 독후 활동은 다양할수록 좋다. 어떨 때는 그림책에서 소개하는 장소에 가보기도 하고, 그림책 내용을 토대로 미술 활동을 하기도 하며, 요리를 해보거나 신체 활동을 하는 등 오감을 모두 활용하는 것이 좋다. 유아·초등 저학년의 경우 필사는 책 내용 중 마음에 드는 한 문장을 독후 활동에 녹여 써보도록 하거나, 몸으로 표현하게 하거나, 그림으로 표현하도록 한다. 이렇게 한 권의 그림책이지만 그냥 읽어주는 것과 하브루타 독서 토론으로 질문과 답변을 통해 독후 활동으로 연결하며 읽는 것은 큰 차이가 있다. 하브루타 독서 토론은 아이를 깊이 생각하게 하고 자신의 견해를 만들게 도와주며, 더 나은 미래를 꿈꾸게 할 것이다.

협동에 대한 이야기
《둘이서 둘이서》

글 · 그림 김복태/보림(유아 · 초등 저학년)

1 | 표지 읽기

그림책 하브루타를 할 때는 먼저 표지를 보고 이야기와 질문을 충분히 끌어낸다. 이때 포스트잇으로 제목을 가리고 상상력을 충분히 유도하면 좋다. 표지를 보니 아기 돼지 두 마리가 어깨동무를 하고 걸어가고 있다. 아이가 먼저 질문을 하면 좋지만 그렇지 않은 경우 엄마나 아빠가 질문으로 이끌어도 좋다.

엄마 무슨 그림이야?

아이 돼지 두 마리가 걸어가고 있어요.

엄마	오~ 돼지구나. 어떻게 생긴 돼지야?
아이	흰색 돼지랑 검은색 돼지예요.
엄마	돼지가 어딜 가고 있을까?
아이	놀러 가요~
엄마	그래? 어디로 놀러 가는 거야?
아이	맛있는 거 먹으러 가나 봐요~
엄마	이 책 제목이 뭘까?
아이	돼지 두 마리?
엄마	와~ 좋은 제목인걸? 한번 확인해볼까?

2 | 낭독

자연스럽게 아이와 돌아가며 읽는다. 역할이 나올 때는 성대모사를 하며 읽으면 더 재미있다.

아이	(포스트잇을 떼며) 《둘이서 둘이서》예요.
엄마	오! 돼지 두 마리~ 둘이서 걸어가는구나(아이가 틀렸다고 생각하지 않게 연결해준다).
아이	궁금해요~ 읽어주세요.
엄마	그래 같이 읽어보자. 짜잔~ 어머! 이번엔 코끼리 두 마리네?

코끼리가 뭐 하는 건지 읽어볼 수 있어?

아이 '기우뚱 기우뚱 통나무 어떻게 옮기나?' 고민하고 있어요(다음 페이지로 넘기지 않는다).

엄마 우와~ 잘 읽었네. 나무가 기우뚱 기우뚱하네~ 어떻게 옮기지?

아이 코로 감아서 가져가면 돼요.

엄마 오! 그렇구나. 코끼리는 코가 길어서 코로 옮기겠네? 어디 볼까? 짜잔~

아이 '둘이서 들면 되잖아. 영차 영차.' 둘이 들어요~

엄마 오! 왜 둘이 들지?

아이 나무가 길어서 그래요~

엄마 와! 긴 나무도 둘이 드니까 거뜬하네?

아이 그다음이 궁금해요.

엄마 짜잔~ 오! 이번엔 누구야?

아이 고슴도치예요.

엄마 고슴도치는 뭘 하고 있는 거지?

아이 '휘청 휘청 긴 바가지로' 물을 서로 먹여주나 봐요.

엄마 그런 거야? 자기가 먹는 거 아니고?

아이 짜잔~ '서로 먹여주면 되잖아. 꿀깍 꿀깍.' 그것 봐요~

엄마 와! 어떻게 알았어? 엄마는 몰랐는데(엄마가 내용을 다 아는 티를 내면 흥미가 떨어질 수 있으니, 아이가 신나서 이야기할 수 있도록 해준다).

아이   짜잔~ '끙끙 낑낑, 짧은 팔로 어떻게 등을 닦나?' 저 알아요~ 서로 밀어주면 돼요.

엄마   우와~ 이젠 보지 않고도 척척 맞히는 거야?

아이   짜잔~ 이거 봐요. '서로 닦아주면 되잖아. 쓱쓱 싹싹.' 와~ 시원하겠네(엄마가 주입하지 않아도 협동하면 된다는 걸 스스로 터득하게 된다).

엄마   짜잔~ 오! 아까 그 돼지들이지?

아이   맞아요! 검은 돼지, 하얀 돼지. '폴짝폴짝, 작은 키로 어떻게 감을 따나?' 감 따러 갔구나~

엄마   그러게~ 감 따서 먹으려고 하는구나. 맛있는 거 먹으러 간 게 맞네. 어떻게 따지? 너무 높이 있네.

아이   한 마리는 엎드리고 한 마리가 등에 올라가요~ 짜잔~ 진짜죠? '둘이서 따면 되잖아. 냠냠 쩝쩝.'

엄마   진짜구나~ 어떻게 그런 방법을 생각했어? 엄마는 사다리 가지러 갈 줄 알았는데?

아이   둘이서 둘이서잖아요. 둘이 힘을 합치면 할 수 있다는 거예요.

엄마   정말 놀라운 비밀을 알게 되었는걸?

아이   짜잔~ 하마다! '달싹달싹, 꼼짝 않는 시소 어떻게 타나?' 저기 혼자 놀고 있는 친구에게 같이 놀자고 해요.

엄마	짜잔~ 그러네. '둘이서 타면 되잖아. 오르락내리락.' 친구에게 같이 놀자고 얘기했나 봐.
아이	나도 친구에게 놀자고 해서 시소 타야겠어요.
엄마	오~ 좋은 생각이야. 다음엔 또 누가 나올까?
아이	짜잔! '달달달, 추운 겨울 어떻게 지내나?'
엄마	어? 누가 숨어 있지?
아이	다람쥐인가 봐요. '서로 안아주면 되잖아. 새근새근 콜콜. 정다운 겨울.' 둘이 함께 있으면 추위도 막아줘요.
엄마	정말 그렇구나. 진짜 놀라운걸?

3 | 경험 나누기

엄마	우리 영지도 누굴 도와준 적 있어?
아이	놀이터에서 그네 타고 노는데, 앞에 타고 있는 친구 밀어줬어요. 그네도 둘이서 타야 서로 밀어줄 수 있어서 재미있어요.
엄마	그렇구나~ 둘이서 해야 하는 게 또 뭐가 있어?
아이	정말 많아요. 혼자서는 얘기도 할 수 없고, 시소도 혼자는 못 타고, 혼자 노는 건 재미없어요.
엄마	그렇구나.

4 | 재미 찾기

엄마   이 책에서 재미있었던 부분을 찾아볼까?

아이   긴 바가지로 서로 물 먹여주는 게 재미있었어요.

엄마   그렇구나~ 또 재미있는 곳이 있었어?

아이   다 재미있었어요. 친구랑 등 밀어주면 정말 재미있을 것 같아요.

엄마   오~ 그럼 함께 목욕 가야겠네?

아이   에이~ 부끄러워요.

5 | 궁금 질문

엄마   이 책 읽으면서 궁금했던 건 없었어?

아이   왜 둘만 있는지 궁금했어요. 다른 친구들은 없나?

엄마   또 궁금한 건?

아이   동물들이 정말 서로 도와줄까? 궁금했어요.

엄마   우리 영지가 궁금한 게 많구나~ 다른 친구들은 없었을까(즉시 답을 해주지 않고 다시 질문한다)?

아이   제목이 '둘이서 둘이서'라서 다른 친구는 안 그렸나 봐요.

엄마   와! 그런 깊은 뜻이 있는지 몰랐네? 동물들은 서로 도와줄까?

아이   음~ 동물마다 다를 것 같아요. 개미나 벌은 정말 잘 도와주는 거 같아요.

엄마 와~ 영지 생각 주머니가 엄청 큰 것 같은데?

6 | 중요 : 아이의 생각 듣기

엄마 이 책을 읽으니까 어떤 생각이 떠올랐어?

아이 '친구랑 함께 힘을 모으면 무엇이든 할 수 있다.'는 생각?

엄마 정말 멋진 생각을 했구나~ 또 다른 생각은?

아이 친구에게 함께 놀자고 얘기해야 해요.

엄마 우와~ 친구도 정말 좋아하겠다.

7 | 메시지 : 작가가 이 작품을 쓴 의도를 생각해보기

엄마 작가님은 이 책을 왜 썼을까?

아이 사람들이 서로 도와주지 않고 혼자 욕심을 내기 때문에, 서로
      도와주면 함께 먹을 수도 있고, 힘을 모을 수도 있다고 알려
      주는 것 같아요.

엄마 와~ 우리 영지에게 엄마가 정말 많이 배우는걸? 고마워.

엄마 이 책 모양 종이에 책에서 본 것처럼 우리 영지랑 친구랑 '둘이서 둘이서' 뭘 할지 그림 그려볼까?

아이 우와~ 책 모양 종이 너무 예뻐요. 나는 민지랑 '둘이서 둘이서 그네 밀어주기' 할래요. 그네는 혼자 타면 정말 재미없어요(독후 활동으로 자연스럽게 연결한다).

엄마 우와~ 정말 잘 그렸네. 혼자 타는 그네는 재미없어서 민지가 와서 밀어주는 거구나?

아이 네~ 서로 밀어줄 거예요.

엄마 이 책 제목은 뭐야?

아이 음~ '민지랑 둘이서'로 할래요.

엄마 민지 보여줄 거야?

아이 네~

엄마 이 책에서 따라 하고 싶은 것 있었어?

아이 돼지처럼 높은 데 있는 것 따보고 싶어요.

엄마 그럼 밖으로 나가볼까?

아이 좋아요~

걱정에 대한 이야기
《소피의 물고기》

글 A. E 캐넌, 그림 리 화이트, 옮긴이 최용은
키즈엠(유아 · 초등 저학년)

1 | 표지 읽기

포스트잇으로 제목을 가려놓고 고래가 바다를 유영하는 책 표지를
보며 질문한다. 표지를 보고 나눈 질문과 답변 예시를 소개하면 다음
과 같다.

엄마 표지에서 무엇을 보았니?

아이 고래가 헤엄치고 있어요. 바닷속 생물들이 아주 예뻐요. 작
은 물고기도 있어요. 바닷속에 꽃이 피었어요. 하늘에는 열
기구도 떠 있어요. 구름도 둥둥 떠 가고요.

엄마 그림을 보니 어떤 느낌이야?

아이 배 타고 바다에 가고 싶어요. 고래가 신나게 헤엄치는 것 같아요. 열기구 타고 하늘을 날고 싶어요. 파도가 조금 무서워요. 바닷속 생물들을 만나고 싶어요.

엄마 이 책에 제목을 붙여본다면 뭐라고 붙일 수 있을까?

아이 '고래 이야기', '바다로 떠나요'. '물고기', '바다에는 어떤 물고기가 살고 있을까?', '바다 여행'.

엄마 이 책의 작가는 누구야?

아이 작가 이름이 어려워요. 글 쓴 사람은 A. E 캐넌이고 그림은 리 화이트가 그렸어요.

2 | 낭독

자연스럽게 아이와 돌아가며 읽는다. 역할이 나올 때는 성대모사하며 읽으면 더 재미있다. 이 책은 역할에 대한 내용이 많지 않으므로 돌아가면서 읽으면 좋다. 글씨를 모르는 유아의 경우에는 엄마나 아빠가 천천히 읽어주며 그림에 집중하도록 돕는다.

3 | 경험 나누기

물고기를 키워본 경험, 물고기 키우는 걸 본 경험, 물고기에게 밥을
준 경험, 부탁을 받고 거절하지 못해 걱정해본 경험, 아무것도 아닌 일
로 걱정한 경험, 전에 이 작가의 그림책을 본 적이 있는지도 묻는다.
이렇게 확장하면 다양한 경험과 관련된 이야기가 나올 것이다.

4 | 재미 찾기

책을 읽고 나서 재미있었던 부분을 찾아보도록 한다. 좀 더 범위를
확장해 신기하거나 독특하면서 참신한 표현도 해당된다. 《소피의 물
고기》에서 가장 재미있었던 부분이 어딘지 되도록 많이 찾아보도록
독려한다.

5 | 궁금 질문

책을 읽으면서 궁금했던 것을 포스트잇에 적어보도록 한다. 유아
나 초등 저학년 아이와 함께 할 경우 말로 질문해도 좋다고 안내한다.
아이들과 독서 토론하면서 나온 질문은 다음과 같다.

- 소피는 왜 물고기를 맡겼을까?
- 물고기는 밥만 먹으면 살 수 있을까?
- 물고기는 다 똑같이 생겼는데 어떻게 이름을 붙일 수 있을까?
- 물고기도 간식을 먹을까?
- 물고기는 어떻게 놀까?
- 물고기는 어떻게 잠을 잘까?
- 물고기는 얼마나 오래 살까?
- 소피는 무슨 물고기일까?
- 소피 같은 물고기를 집에서 기를 수 있을까?
- 제이크는 왜 그렇게 걱정이 많을까?
- 걱정을 없애는 방법은?

6 | 중요 : 아이의 생각 듣기

이 책을 읽고 나서 어떤 생각이 들었는지 아이의 생각을 들어본다. 정답이 있는 것이 아니므로 어떤 이야기를 하든 박수로 격려한다.

7 | 메시지 : 작가가 이 작품을 쓴 의도를 생각해보기

《소피의 물고기》라는 작품을 쓴 작가는 이 작품을 통해 어떤 이야기를 하고 싶을지 물어본다. 책의 주제와 관련이 있는 키워드지만 정답은 없다.

8 | 필사와 독후 활동

유·초등 아이들은 특히 엄마와 따뜻한 책 이야기 나누기와 더불어 재미있는 독후 활동이 연결되면 책 읽기 시간을 기다리게 된다. 그림책 하브루타가 몇 회 진행되면《소피의 물고기》를 읽고 어떤 활동을 하고 싶은지 아이에게 먼저 물어봐도 좋다. 주인공과 등장인물 이름 바꾸기, 소피에게 어떤 간식을 주면 좋은지 알아보기, 물고기 키우는 방법 알아보기 등도 좋다. 아이들이 좋아하는 독후 활동으로 색종이로 물고기 접기를 하고 눈, 입, 아가미, 지느러미 등을 그리거나 붙인 후 도화지에 어항을 그려 붙여준다.

이렇게 한 권의 그림책이지만 그냥 읽어주는 것과 하브루타 독서 토론으로 질문과 답변을 하며 읽는 데는 큰 차이가 있다. 하브루타 독서 토론은 아이를 생각하게 하고 자신의 견해를 만들게 도와주며, 미래를 꿈꾸게 할 것이다.

상상 이야기
《투명 인간이 된다면?》

글 양승현, 그림 박주희/한국몬테소리(유아 · 초등 저학년)

1 | 표지 읽기

우선 포스트잇으로 제목을 가려놓고 두 아이가 놀라고 있는 표지를 보며 질문한다. 표지를 보고 나눈 질문과 답변 예시를 소개하면 다음과 같다.

엄마 표지에서 무엇을 보았니?

아이 남자아이와 여자아이가 놀라고 있어요. 잔디밭이 바둑무늬예요. 투명한 사람이 아이스크림과 막대 사탕을 들고 있어요. 구름도 둥둥 떠 있고요.

엄마   그림을 보니 어떤 느낌이 들어?

아이   뭔가 신나는 일이 벌어질 것 같아요. 투명 망토를 입고 장난 치는 것 같아요. 투명 망토 입은 사람이 웃는 걸 보니 재미있 는 일이 있는 것 같아요.

엄마   이 책에 제목을 붙여본다면 뭐라고 붙일 수 있을까?

아이   '투명 망토', '투명 인간', '투명 모자', '마법사', '마법의 세계'.

엄마   이 책의 작가는 누구야?

아이   양승현 님이 글을 썼고 박주희 님이 그림을 그렸어요.

2 | 낭독

자연스럽게 아이와 돌아가며 읽는다. 역할이 나올 때는 성대모사 하며 읽으면 더 재미있다. 혼잣말처럼 쓰인 글이니 돌아가면서 읽으 면 좋다. 글씨를 모르는 유아의 경우 엄마나 아빠가 천천히 읽어주며 그림에 집중하도록 돕는다.

3 | 경험 나누기

투명 인간을 본 경험(직접 본 경험이나 영화에서 본 경험도 좋다), 투명 인간이 나타났다고 생각했던 경험, 투명 인간이 되어보고 싶었던 경험, 투명 인간처럼 친구들을 골탕 먹여본 경험, 몰래 아빠나 엄마를 도와준 경험, 친구나 동물을 도와준 경험, 이 작가의 다른 그림책을 본 경험 등으로 확장해보면 책 내용과 관련된 다양한 이야기가 나올 것이다.

4 | 재미 찾기

책을 읽고 나서 재미있었던 부분을 찾아보도록 한다. 좀 더 범위를 확장해 신기하거나 독특하면서 참신한 표현도 해당된다. 《투명 인간이 된다면?》에서 가장 재미있었던 부분이 어딘지 되도록 많이 찾아보도록 독려한다.

5 | 궁금 질문

읽으면서 궁금했던 것을 포스트잇에 적고 나눠본다. 유아나 초등학교 저학년 아이와 함께 할 경우 주인공에게 궁금했던 것이 있었는지, 놀이터에 있던 친구들에게 물어보고 싶은 것이 있었는지, 도움받은 친구나 동물에게 물어보고 싶은 것이 있는지, 아빠나 엄마에게 물어보고 싶은 것이 있는지 등등에 대해 말로 질문하도록 한다. 아이들과 독서 토론하면서 나온 질문은 다음과 같다.

- 투명 모자는 어디에 있을까?
- 투명 모자가 정말 있을까?
- 투명 인간을 본 유치원 친구들은 어땠을까?
- 갑자기 먹이를 먹게 된 아기 새들은 엄마가 준 먹이를 또 먹었을까?
- 나는 투명 모자가 생기면 어디에 가고 싶을까?
- 갑자기 커피가 나타났는데 아빠는 커피를 드셨을까?
- 투명 인간이 되었다고 위험한 행동을 하는 건 옳을까?
- 힘센 형은 다른 친구들을 계속 괴롭혔을까?
- 엄마가 마법사는 아닐까?
- 엄마는 투명 모자를 쓰고 어떤 일을 했을까?
- 주인공이 투명 모자를 쓰고 한 착한 일은?
- 주인공이 투명 모자를 쓰고 한 나쁜 일은?
- 투명 모자가 생기면 하고 싶은 일은?

6 | 중요 : 아이의 생각 듣기

이 책을 읽고 나서 어떤 생각이 들었는지 아이의 생각을 들어본다. 정답이 있는 것이 아니므로 어떤 이야기를 하든 박수로 격려한다.

7 | 메시지 : 작가가 이 작품을 쓴 의도를 생각해보기

《투명 인간이 된다면?》이라는 작품을 쓴 작가는 이 작품을 통해 어떤 이야기를 하고 싶을지 물어본다. 책의 주제와 관련이 있는 키워드지만 정답은 없다.

8 | 필사와 독후 활동

유·초등 아이들은 특히 엄마와 따뜻한 책 이야기 나누기와 더불어 재미있는 독후 활동이 연결되면 책 읽기 시간을 기다리게 된다. 아이가 책 내용과 관련된 자유로운 활동을 제안한다면 아주 좋다. 이 작품을 읽고 '투명 모자 만들기'를 해본다. 도화지 한 장을 둥글게 말아 모자 모양으로 만들고 도화지 한 장은 둥근 테를 만든 후 이어 붙이고 예쁘게 꾸민다. 모자 테두리에 책 내용 중 가장 재미있었던 부분을 적거나 그 부분 그림을 그리도록 해도 좋다(필사). 가족 중 한 사람씩 모자를 쓰고 투명 인간 놀이를 하면 아이들이 정말 좋아할 것이다.

　이렇게 한 권의 그림책이지만 그냥 읽어주는 것과 하브루타 독서 토론으로 질문과 답변을 하며 읽는 것에는 큰 차이가 있다. 하브루타 독서 토론은 아이를 생각하게 하고 자신의 견해를 만들게 도와주며, 미래를 꿈꾸게 할 것이다.

칭찬의 힘에 대한 이야기 《점》

글 · 그림 피터 H. 레이놀즈/문학동네(초등 저학년 이상)

1 | 표지 읽기

우선 포스트잇으로 제목을 가려놓고 한 남자아이가 커다란 붓을 들고 무언가 색칠하고 있는 표지를 보며 질문한다. 표지를 보고 나눈 질문과 답변 예시를 소개하면 다음과 같다.

엄마   표지에서 무엇을 보았니?

아이   뭔가 즐겁게 그림을 그리고 있는 아이가 보여요. 붓인지 빗자루인지 잘 모르는 걸 들고 있어요. 페인트 통이 있는 걸 보니 그림을 그리고 있는 것 같아요. 커다란 달을 그리고 있는 것 같아요.

엄마   그림을 보니 어떤 느낌이 들어?

아이   아이가 굉장히 신나 보여요. 만족스러운 것 같아요. 달이 울퉁불퉁해 보여요. 제목이 궁금해요. 그림과 관련 있는 이야기일 것 같아요.

엄마   이 책에 제목을 붙여본다면 뭐라고 붙일 수 있을까?

아이   '달 그리는 소년', '지구를 그린다면?', '나는 화가예요.'

엄마   이 책의 작가는 누구야?

아이   피터 H. 레이놀즈요. 처음 들어봐요.

2 | 낭독

자연스럽게 책을 아이와 돌아가며 읽는다. 역할이 나올 때는 성대모사하며 읽으면 더 재미있다. 베티 역할, 아이 역할은 아이들이 맡고 선생님 역할은 아빠나 엄마가 맡는다. 나머지 해설은 돌아가면서 읽으면 좋다. 만약 글씨를 모르는 유아와 함께 하는 경우 엄마나 아빠가 천천히 읽어주며 그림에 집중하도록 돕는다.

3 | 경험 나누기

베티처럼 주눅 들었던 경험, 자신 없었던 일을 끝까지 해낸 경험, 무엇을 하든 칭찬받은 경험, 꾸준히 노력해서 실력이 늘어난 경험, 나의 경험을 통해 다른 사람을 도와준 경험 등으로 확장해보면 다양한 이야기가 나올 것이다.

4 | 재미 찾기

책을 읽고 나서 재미있었던 부분을 찾아보도록 한다. 좀 더 범위를 확장해 신기하거나 독특하면서 참신한 표현도 해당된다. 《점》에서 가장 재미있었던 부분이 어딘지 되도록 많이 찾아보도록 독려한다.

5 | 궁금 질문

책을 읽으면서 궁금했던 것을 포스트잇에 적어보도록 한다. 초등학교 저학년 아이와 함께 할 경우 말로 질문해도 좋다고 안내한다. 아이들과 독서 토론하면서 나왔던 질문은 다음과 같다.

• 선생님은 베티가 찍은 점 하나를 왜 액자에 넣어 벽에 걸었을까?

- 베티는 원래 그림에 소질이 있었을까?
- 베티는 자기가 그린 다양한 점이 벽에 걸린 걸 보며 어떤 생각이 들었을까?
- 베티는 자신감을 회복했을까?
- 그림을 잘 못 그리는 사람도 미술을 해야 할까?
- 베티가 도와준 친구도 베티처럼 멋진 선을 그렸을까?
- 베티는 나중에 어떻게 되었을까?

6 | 중요 : 아이의 생각 듣기

이 책을 읽고 나서 어떤 생각이 들었는지 아이의 생각을 들어본다. 정답이 있는 것이 아니므로 어떤 이야기를 하든 박수로 격려한다.

7 | 메시지 : 작가가 이 작품을 쓴 의도를 생각해보기

《점》을 쓴 작가는 이 작품을 통해 어떤 이야기를 하고 싶을지 물어본다. 책의 주제와 관련이 있는 키워드지만 정답은 없다.

8 | 필사와 독후 활동

유·초등 아이들은 특히 엄마와 따뜻한 책 이야기 나누기와 더불어 재미있는 독후 활동이 연결되면 책 읽기 시간을 기다리게 된다. 작은 도화지에 나만의 점을 그려보도록 한다. 그리고 가장 마음에 들었던 구절을 이유와 함께 적게 한다. 그런 다음 점을 사용하지 않고 점 그리기, 데칼코마니 활동 등을 한다. 아이가 책 내용과 관련된 자유로운 그림을 그리게 해도 좋다. 아이가 그린 여러 가지 점이 보이도록 종이 액자로 테두리를 만든 후 작가 사인을 한다. 완성되면 뒷면에 간단하게 작가 소개를 멋지게 해보도록 한다.

이렇게 한 권의 그림책이지만 그냥 읽어주는 것과 하브루타 독서 토론으로 질문과 답변을 하며 읽는 데는 큰 차이가 있다. 하브루타 독서 토론은 아이를 생각하게 하고 자신의 견해를 만들게 도와주며, 미래를 꿈꾸게 할 것이다.

고마움(또는 역할)에 대한 이야기 《돼지책》

글 · 그림 앤서니 브라운/웅진주니어(초등 저학년 이상)

1 | 표지 읽기

우선 포스트잇으로 제목을 가려놓고 아빠와 두 아들을 업고 있는 엄마의 그림이 담긴 표지를 보며 질문한다. 표지를 보고 나눈 질문과 답변 예시를 소개하면 다음과 같다.

엄마 표지에서 무엇을 보았니?

아이 엄마가 식구들을 모두 업고 있어요. 엄마는 슬픈 표정이에요. 아빠는 활짝 웃고 있어요. 아이들도 업혀서 신나 보여요.

엄마	그림을 보니 어떤 느낌이 들어?
아이	엄마가 너무 힘들 것 같아요. 더 힘센 아빠가 왜 등에 업혀 웃고 있는지 모르겠어요. 화가 나요.

엄마	이 책에 제목을 붙여본다면 뭐라고 붙일 수 있을까?
아이	'너무 힘들어.', '불공평해', '정신 차리세요.', '세상에 이런 일이.'

엄마	이 책의 작가는 누구야?
아이	앤서니 브라운.

2 | 낭독

자연스럽게 아이와 돌아가며 읽는다. 역할이 나올 때는 성대모사하며 읽으면 더 재미있다. 피곳 씨는 아빠나 엄마가 맡고, 사이먼과 패트릭은 아이들이 맡고, 해설은 돌아가면서 읽으면 좋다. 글씨를 모르는 유아의 경우에는 엄마나 아빠가 천천히 읽어주며 그림에 집중하도록 돕는다.

3 | 경험 나누기

엄마 혼자 집안일을 하시는 걸 당연하게 생각한 경험, 엄마가 혼자 집안일을 하며 힘들어하시는 모습을 본 경험, 엄마를 도와드린 경험, 아빠가 집안일을 함께 하시는 걸 본 경험, 기타 그림책 내용과 비슷한 여러 가지 상황과 관련된 경험, 앤서니 브라운의 다른 그림책을 본 경험 등으로 확장해보면 다양한 이야기가 나올 것이다.

4 | 재미 찾기

책을 읽고 나서 재미있었던 부분을 찾아보도록 한다. 좀 더 범위를 확장해 신기하거나 독특하면서 참신한 표현도 해당된다. 《돼지책》에서 가장 재미있었던 부분이 어딘지 되도록 많이 찾아보도록 독려한다.

5 | 궁금 질문

책을 읽으면서 궁금했던 것을 포스트잇에 적어보도록 한다. 글씨를 쓰지 못하는 유아나 초등 저학년 아이와 함께 할 경우 내용 중 궁금했던 점, 엄마에게 물어보고 싶은 것, 아빠에게 묻고 싶은 것, 아이들에게 묻고 싶은 점 등 말로 질문해도 좋다고 안내하고 질문을 받은 후 서로 답변한다(누가 리더를 하든 바로 답을 하지 않고 다른 사람들이 의견을 말할 수 있도록 해야 한다). 아이들과 독서 토론하면서 나온 질문은 다음과 같다.

- 왜 《돼지책》이라고 했을까?
- 엄마는 왜 집을 나가기 전에 도와달라는 말을 하지 않았을까?
- 집안일은 몇 가지나 될까?
- 여자가 해야 하는 일이 따로 있을까?
- 가족에게 도와달라고 하지 않고 집을 나간 것은 옳은 일일까?
- 엄마가 돌아오지 않았다면 어떻게 됐을까?
- 가족에게 "너희들은 돼지야."라고 말한 건 옳은 일일까?
- 엄마가 도움을 요청했다면 어떻게 되었을까?
- 집안일 중 내가 하고 있는 일은?
- 밖에서 하는 일만 중요할까?
- 집에서 내가 할 수 있는 일은 무엇일까?

6 | 중요 : 아이의 생각 듣기

이 책을 읽고 나서 어떤 생각이 들었는지 아이의 생각을 들어본다. 정답이 있는 것이 아니므로 어떤 이야기를 하든 박수로 격려한다.

7 | 메시지 : 작가가 이 작품을 쓴 의도를 생각해보기

《돼지책》이라는 작품을 쓴 작가는 이 작품을 통해 어떤 이야기를 하고 싶을지 물어본다. 책의 주제와 관련이 있는 키워드지만 정답은 없다.

8 | 필사와 독후 활동

유·초등 아이들은 특히 엄마와 따뜻한 책 이야기 나누기와 더불어 재미있는 독후 활동이 연결되면 책 읽기 시간을 기다리게 된다. 아이가 책 내용과 관련된 자유로운 활동을 찾아서 하면 제일 좋다.

이 책을 읽고 나서 '도움 쿠폰' 만들기를 해보았다. 먼저 아이들 스스로 할 수 있는 일을 정해본다. 그런 다음 A4 용지를 8장 정도로 나눈 작은 쿠폰을 만들고 예쁜 그림을 그려 넣은 후 잘라 8장의 쿠폰을 만든다. 예를 들어 신발장 정리하기, 내 방 정리하기, 분리수거하기, 상차림 돕기, 설거지하기, 빨래 널기, 빨래 개기, 갠 옷 서랍에 넣기 등의 쿠폰을 만들 수 있다. 만든 쿠폰을 엄마에게 드리고 필요할 때 쓰도록 한다. 엄마뿐 아니라 온 가족에게 즐거움을 줄 수 있다.

이렇게 한 권의 그림책이지만 그냥 읽어주는 것과 하브루타 독서 토론으로 질문과 답변을 하며 읽는 데는 큰 차이가 있다. 하브루타 독서 토론은 아이를 생각하게 하고 자신의 견해를 만들게 도와주며, 당면한 문제를 해결하도록 해줄 것이다.

자존감에 대한 이야기
《치킨 마스크》

글 · 그림 우쓰기 미호/책읽는곰(초등 중학년 이상)

1 | 표지 읽기

먼저 포스트잇으로 제목을 가리고 표지 그림을 충분히 보며 이야기를 나눈다. 표지를 보고 나눈 질문과 답변 예시를 소개하면 다음과 같다.

엄마 표지에서 무엇을 보았니?

아이 슬픈 표정을 짓고 있는 병아리가 보여요. 시험을 못 본 것 같아요. 바닥에 시험지가 흩어져 있는데, 점수가 아주 나빠요. '그래도 난 내가 좋아.'라는 글씨가 있는데, 스티커도 찌그러져 있어요.

엄마 그림을 보니 어떤 느낌이 들어?

아이 병아리 눈이 슬퍼 보여요. 울고 싶은 것 같아요. 시험지 보니까 두려워요. 마음이 아플 것 같아요.

엄마 이 책의 제목은 무엇일까?

아이 '슬픈 병아리', '공부는 못해도 나는 내가 좋아.', '내가 잘하는 건 뭘까?'

2 | 낭독

자연스럽게 아이와 돌아가며 책을 읽는다. 역할이 나올 때는 성대모사를 하며 읽으면 더 재미있다. 치킨 마스크의 혼잣말은 돌아가며 읽고, 나무 동산 식구들, 반 친구들 목소리는 아이들이 나눠서 맡거나 엄마가 맡는다.

3 | 경험 나누기

치킨 마스크처럼 다른 친구들이 부러웠던 경험이 있는지 묻는다.

만약 없다면 특별히 계산을 잘하는 사람을 본 경험, 글씨를 잘 쓰는 사람을 본 경험, 만들기를 잘하는 사람을 본 경험, 체육을 잘하는 사람을 본 경험, 악기를 잘 다루거나 노래를 잘하는 사람을 본 경험, 내가 힘들 때 위로받은 경험, 다른 사람을 도와준 경험 등으로 확장해보면 다양한 이야기가 나올 것이다.

4 | 재미 찾기

책을 읽고 나서 재미있었던 부분을 찾아보도록 한다. 좀 더 범위를 확장해서 신기하거나 독특하면서 참신한 표현도 해당된다. 《치킨 마스크》에서 가장 재미있었던 부분이 어딘지 되도록 많이 찾아보도록 독려한다.

5 | 궁금 질문

책을 읽으면서 궁금했던 것을 포스트잇에 적어보도록 한다. 글씨 쓰기를 힘들어하는 초등 저학년 아이와 함께 할 경우 말로 질문해도 좋다고 안내한다. 아이들과 독서 토론하면서 나온 질문은 다음과 같다.

- 전부 마스크를 쓰고 있는데, 원래 사람일까?

- 마스크와 그 사람이 갖고 있는 능력과 무슨 상관이 있을까?
- 아무것도 잘하는 게 없어도 정말 괜찮을까?
- 치킨 마스크의 능력은 무엇일까?
- 치킨 마스크는 어떻게 다시 자기 자신을 좋아하게 되었을까?
- 친구들은 왜 치킨 마스크를 찾으러 왔을까?
- 나무와 꽃이 정말 말을 한 걸까?

6 | 중요 : 아이의 생각 듣기

이 책을 읽고 나서 어떤 생각이 들었는지 아이의 생각을 들어본다. 정답이 있는 것이 아니므로 어떤 이야기를 하든 박수로 격려한다.

7 | 메시지 : 작가가 이 작품을 쓴 의도를 생각해보기

《치킨 마스크》를 쓴 작가는 이 작품을 통해 어떤 이야기를 하고 싶었을까 물어본다. 책의 주제와 관련이 있는 키워드지만 정답은 없다.

8 | 필사와 독후 활동

학토재 교구 중 'FACE & I(얼굴 모양 종이 시트)'에 《치킨 마스크》를 읽으면서 마음에 들었던 문장을 적어본다. 그리고 자신의 장점 세 가지를 적어보게 한다. 그런 다음 뒷면에 사인펜과 색연필로 자신의 모습을 그려 넣는다. 완성되면 마스크처럼 얼굴 앞에 들고 마음에 든 문장을 읽고 왜 그 부분이 마음에 들었는지 발표하도록 하고, 자신의 장점 세 가지를 읽으며 그 장점을 통해 미래에 어떤 모습이 되고 싶은지 이야기하는 시간을 갖는다.

이렇게 한 권의 그림책이지만 그냥 읽어주는 것과 하브루타 독서 토론으로 질문과 답변을 하며 읽는 데는 큰 차이가 있다. 하브루타 독서 토론은 아이를 생각하게 하고 꿈꾸게 할 것이다.

초등생 이상 자녀와 함께 하는
짧은 이야기 하브루타 독서 토론

짧은 이야기 하브루타 독서 토론 진행 방법

1 │ 낭독(역할극으로 텍스트 읽기)

가족 수에 따라 적절히 역할을 배정한다. 처음에는 아빠나 엄마가 토론 리더가 되어 최대한 아이들에게 배역을 맡기고 해설은 돌아가며 적당한 분량으로 나누어 읽도록 한다. 여러 번 독서 토론이 이루어지면 처음에는 7키워드 중 하나의 키워드 리더를 맡기고, 익숙해지면 아이들이 토론 리더를 해보도록 하면 좋다. 낭독할 때 저학년의 경우에는 연령을 감안해서 읽는 분량을 줄여주는 것이 좋다. 다 함께 낭독한 후에는 돌아가며 소감을 나눈다.

2 | 경험(텍스트 내용과 비슷한 경험 나누기)

주인공과 비슷한 경험이 있는지 묻는다. 만약 없다고 하면 주인공과 관련된 경험 말고도 텍스트에 나오는 여러 가지 경험을 물어보면 좋다. 책에 등장하는 다양한 경험으로 확장해 질문하면 미처 생각하지 못했던 재미있는 이야기를 들을 수 있을 것이다.

3 | 재미(재미있었던 부분 찾기)

'웃기는', '기발한', '신선한', '이상한' 부분이 모두 해당된다. 텍스트에서 특별히 재미있었던 부분이 있었는지 묻고 이야기 나눈다. 재미있는 것을 좋아하는 아이들이다 보니 재미있는 부분을 생각보다 잘 찾아낸다. 만약 재미있는 부분이 없다면 그냥 넘어가면 된다.

4 | 궁금(가장 궁금했던 부분으로 질문 만들기)

아이들에게 포스트잇을 나눠주고 궁금했던 것을 질문으로 만들어보라고 한다. 궁금했던 것이 없다고 하면 주인공에게 물어보고 싶은 것, 작가에게 물어보고 싶은 것, 등장인물에게 물어보고 싶은 것, 배경에서 궁금한 것 등으로 확장하면 궁금한 것이 나온다. 적는 것을 힘들어하는 경우 말로 질문하도록 한다.

5 | 중요(주관적으로 가장 중요한 부분 말하기)

텍스트를 읽고 나서 어떤 생각이 드는지 묻는다. 새롭게 알게 된 사실이나 몰랐던 것을 알게 되었거나 인상적인 부분을 선택하면 된다. 이때 아이가 어떤 답을 하든 긍정적인 피드백을 해주는 것이 중요하다.

6 | 메시지(작가의 의도 유추해보기)

이 책을 쓴 작가는 우리에게 어떤 이야기를 해주고 싶었을지 묻고 답한다. 주제에 해당하는 키워드지만 정답은 없다.

7 | 필사(옮겨 적고 싶은 부분 베껴 쓰기)

옮겨 적고 싶은 내용과 이유, 느낌을 돌아가며 이야기한다. 책을 읽다 보면 다음에 다시 읽고 싶거나, 참고하고 싶어 밑줄을 긋게 되는 부분이 있을 것이다. 처음에는 한 문장 옮겨 적기로 시작해 점차 분량을 늘려나가도 좋다.

8 | 핵심 해석적 질문
(책의 주제와 관련해 전반적인 내용을 아우르는 질문 찾기)

본문 내용 전체를 관통하는 질문을 찾아본다. 핵심 해석적 질문을 찾다 보면 중심 생각을 찾는 훈련이 된다. 단, 이것도 정답은 없다.

9 | 1:1 찬반 하브루타 독서 토론(궁금 질문 중 찬성/반대 또는 옳고/그름 등으로 의견이 나뉠 수 있는 질문)

궁금 질문 중 옳고 그름 질문, 좋고 나쁨 질문 등 의견이 나뉘는 질문이 있다면 1:1 찬반 하브루타로 확장한다. 먼저 '찬성-옳다' / '반대-옳지 않다'로 입장을 나누어 찬성/반대 토론을 한 후 입장을 바꾸어(스위칭) 반대/찬성 토론을 한다. 가족이 4명이면 짝을 바꾸어(체인징) 다시 찬성/반대 토론을 한 후 입장을 바꾸어(스위칭) 반대/찬성 토론을 한다. 찬반 토론을 모두 마치면 네 사람이 함께 옳고 그름을 떠나 문제 해결을 위해 더 나은 방법은 없는지 토론하고 마무리한다(창의적 문제 해결).

10 | 비판적 글쓰기
(작가의 생각에 대한 자신의 생각을 밝히는 글쓰기)

핵심 해석적 질문을 주제로 지금까지 토론한 내용을 종합하고, 자신의 생각을 밝히며 글쓰기를 한다.

11 | 소감 나누기(상호 피드백, 리더 피드백)

토론을 마치면 오늘의 토론 리더가 한 사람씩 돌아가며 토론이 어땠는지 소감을 묻는다. 그리고 나서 다음 가족 독서 토론을 안내하고 오늘 열심히 독서 토론에 참여한 가족들을 칭찬하는 멘트로 마무리한다. 리더가 토론 내용을 정리하거나, 자신의 소감을 말하며 마무리하지 않도록 유의한다. 주입식 토론이 되어버릴 수 있기 때문이다.

용기에 대한 이야기
《작아지는 괴물》

글 조앤 그란트/한솔교육(초등 저학년 이상)

❶ 낭독(역할극으로 텍스트 읽기)

가족 수에 따라 적절히 역할을 배정한다. 배역을 미오비, 괴물, 추장, 산토끼, 악어, 뱀 1~2, 여자아이, 해설 1~3, 사람들로 나누고 아빠나 엄마가 토론 리더가 되어 1인당 2~3가지 배역을 맡기고 해설은 돌아가며 일정 분량씩 읽도록 한다. 악어, 뱀 1~2, 여자아이 배역은 몇마디 되지 않으니 분량이 많은 미오비, 괴물, 추장, 산토끼와 적절하게 나누면 된다. 저학년의 경우에는 나이를 감안해서 읽는 분량을 줄여주는 것이 좋다. 다 함께 낭독을 한 후에는 돌아가며 소감을 나눈다.

❷ 경험(텍스트 내용과 비슷한 경험 나누기)

'미오비처럼 용기를 내본 적이 있었나?'같이 주인공과 비슷한 경험을 했는지 묻는다. 만약 아이들이 용기를 내본 적이 없다고 하면 주인

208

공과 관련된 경험 말고도 이 텍스트에 나오는 여러 가지 경험을 물어보면 좋다. 토끼처럼 다른 사람을 도와줬던 경험, 뱀 1~2처럼 서로 욕심을 내며 싸운 경험, 삼촌처럼 누군가를 놀렸거나 놀림을 당한 경험, 악어처럼 자기보다 약한 사람한테 겁을 먹은 경험, 반려동물을 키운 경험, 추장처럼 자기가 해야 할 일이 뭔지 깨닫지 못한 경험 등으로 확장해 질문하면 이야기보따리를 풀어놓을 것이다.

❸ 재미(재미있었던 부분 찾기)

'웃기는', '기발한', '신선한', '이상한' 부분이 모두 해당된다. 텍스트에서 특별히 재미있었던 부분이 있었는지 묻고 이야기 나눈다. 재미있는 것을 좋아하는 아이들이다 보니 재미있는 부분을 생각보다 잘 찾아낸다. 만약 재미있는 부분이 없다면 그냥 넘어가면 된다.

❹ 궁금(가장 궁금했던 부분으로 질문 만들기)

아이들에게 포스트잇을 나눠주고 궁금했던 것을 질문으로 만들어보라고 한다. 적는 것을 힘들어하면 말로 질문하도록 해도 좋다. 독서토론 모임에서 나온 대표적인 질문은 다음과 같다.

- 왜 사람들은 괴물을 무서운 이미지로 생각했을까?
- 왜 괴물은 커졌다 작아졌다 할까?

- 산토끼는 왜 달나라에서 왔다고 했을까?
- 왜 역할에 대한 설명이 없을까?
- 왜 미오비는 집에서 키우려고 괴물을 데려갔을까?
- 산토끼와 미오비의 만남은 우연일까, 필연일까?
- 괴물에게 들킬 수도 있는데, 왜 사람들은 큰 소리로 울고 있었을까?
- 산토끼는 어떻게 달에서 가이드를 해줄 수 있을까?

❺ 중요(주관적으로 가장 중요한 부분 말하기)

텍스트를 읽고 나서 어떤 생각이 드는지 묻는다. 새롭게 알게 된 사실이나 몰랐던 것을 알게 되었거나 인상적인 부분을 선택하면 된다. 이때 아이가 어떤 답을 하든 긍정적인 피드백을 해주는 것이 중요하다.

❻ 메시지(작가의 의도 유추해보기)

이 책을 쓴 작가는 우리에게 어떤 이야기를 해주고 싶었는지 묻고 답한다. 주제에 해당하는 키워드지만 정답은 없다.

❼ 필사(옮겨 적고 싶은 부분 베껴 쓰기)

필사하고 싶은 내용과 이유, 느낌을 돌아가며 이야기한다. 책을 읽다 보면 다음에 다시 읽고 싶거나, 참고하고 싶어 밑줄을 긋게 되는 부분이 있을 것이다. 처음에는 한 문장 옮겨 적기로 시작해 점차 분량을 늘려가도 좋다.

❽ 핵심 해석적 질문(책의 주제와 관련해 전반적인 내용을 아우르는 질문 찾기)

'미오비는 왜 괴물을 잡아 온다고 했을까?'와 같이 본문 내용 전체를 관통하는 질문을 찾아본다.

❾ 1:1 찬반 하브루타 독서 토론(궁금 질문 중 찬성/반대 또는 옳고/그름 등으로 의견이 나뉠 수 있는 질문)

궁금 질문 중 '어린 미오비 혼자 괴물을 잡으러 간 것은 옳은 일일까?'와 같이 의견이 나뉘는 질문이 있다면 찬반 하브루타로 확장한다. 먼저 '찬성-옳다' / '반대-옳지 않다.'로 입장을 나누어 찬성/반대 토론을 한 후 입장을 바꾸어(스위칭) 반대/찬성 토론을 한다. 가족이 4명이면 짝을 바꾸어(체인징) 다시 찬성/반대 토론을 한 후 입장을 바꾸어(스위칭) 반대/찬성 토론을 한다. 찬반 토론을 모두 마치면 네 사람이 함께 옳고 그름을 떠나 문제 해결을 위해 더 나은 방법은 없는지 토론하고 마무리한다(창의적 문제 해결).

❿ 비판적 글쓰기(작가의 생각에 대한 자신의 생각을 밝히는 글쓰기)

'진정한 용기란 무엇일까?'와 같은 주제로 지금까지 토론했던 내용을 종합하고, 자신의 생각을 밝히며 글쓰기를 한다.

⑪ 소감 나누기(상호 피드백, 리더 피드백)

토론을 마치면 오늘의 토론 리더가 한 사람씩 돌아가며 토론이 어땠는지 소감을 묻는다. 그러고 나서 다음 가족 독서 토론을 안내하고 오늘 열심히 독서 토론에 참여한 가족들을 칭찬하는 멘트로 마무리한다. 리더가 토론 내용을 정리하거나, 자신의 소감을 말하며 마무리하지 않도록 유의한다. 주입식 토론이 되어버릴 수 있기 때문이다.

긍정의 힘을 배울 수 있는 이야기
《마지막 임금님》

글 박완서/한솔교육(초등 저학년 이상)

❶ 낭독(역할극으로 텍스트 읽기)

가족 수에 따라 적절히 역할을 배정한다. 배역을 임금님, 촌장, 해설 1~3으로 나누고, 아빠나 엄마가 토론 리더가 되어 아이들에게 임금님과 촌장 배역을 맡기고 해설은 돌아가며 일정 분량씩 읽도록 한다. 저학년의 경우에는 나이를 감안해 읽는 분량을 줄여주는 것이 좋다. 다 함께 낭독한 후에는 돌아가며 소감을 나눈다.

❷ 경험(텍스트 내용과 비슷한 경험 나누기)

'촌장처럼 누군가에게 괴롭힘을 당해봤거나, 괴롭힘을 당했어도 긍정의 힘으로 이겨낸 적이 있었나?'와 같이 주인공과 비슷한 경험을 했는지 묻는다. 만약 아이들이 괴롭힘을 당해보거나 긍정의 힘으로 이겨낸 적이 없다고 하면 주인공과 관련된 경험 말고도 이 텍스트에 나오는 여러 경험을 물어보면 좋다. 마지막 임금님처럼 누군가를 질투하거나 괴롭혀본 경험, 가족과 멀리 떨어져본 경험, 힘들 때 무언가에 몰두하며 이겨낸 경험, 행복했던 경험, 어려움이 있어도 긍정적으로 생각을 바꾼 경험 등으로 확장해 질문하면 생각지도 못한 이야기보따리를 풀어놓을 것이다.

❸ 재미(재미있었던 부분 찾기)

'웃기는', '기발한', '신선한', '이상한' 부분이 모두 해당된다. 텍스트에서 특별히 재미있었던 부분이 있었는지 묻고 이야기 나눈다. 재미있는 것을 좋아하는 아이들이다 보니 재미있는 부분을 생각보다 잘 찾아낸다. 만약 재미있는 부분이 없다면 그냥 넘어가면 된다.

❹ 궁금(가장 궁금했던 부분으로 질문 만들기)

아이들에게 포스트잇을 나눠주고 궁금했던 것을 질문으로 만들어보라고 한다. 적는 것을 힘들어하면 말로 질문하도록 해도 좋다. 독서 토론 모임에서 나온 대표적인 질문은 다음과 같다.

- 이 나라는 예전에는 어떤 모습이었을까?
- 임금님은 왜 다른 사람들이 더 행복해지면 괴로웠을까?
- 헌법 전문에는 왜 이런 내용을 담았을까?

- 임금님은 왜 독배를 마셨을까?
- 촌장은 어떤 교육을 받았을까?
- 신하들은 임금님의 명령을 따르면서 어떤 감정이었을까?
- 촌장은 어떻게 마인드 컨트롤을 잘할 수 있었을까?
- 임금님이 생각하는 행복의 기준은 무엇일까?

❺ **중요**(주관적으로 가장 중요한 부분 말하기)

텍스트를 읽고 나서 어떤 생각이 드는지 묻는다. 몰랐던 것을 알게 되었거나 인상적인 부분을 선택하면 된다. 이때 아이가 어떤 답을 하든 긍정적인 피드백을 해주는 것이 중요하다.

❻ **메시지**(작가의 의도 유추해보기)

이 책을 쓴 작가는 우리에게 어떤 이야기를 해주고 싶었는지 묻고 답한다. 주제에 해당하는 키워드지만 정답은 없다.

❼ **필사**(옮겨 적고 싶은 부분 베껴 쓰기)

필사하고 싶은 내용과 이유, 느낌을 돌아가며 이야기한다. 책을 읽다 보면 다음에 다시 읽고 싶거나, 참고하고 싶어 밑줄을 긋게 되는 부분이 있을 것이다. 처음에는 한 문장 옮겨 적기로 시작해 점차 분량을 늘려가도 좋다.

❽ 핵심 해석적 질문(책의 주제와 관련해 전반적인 내용을 아우르는 질문 찾기)

'임금님이 계속 괴롭히는데도 왜 촌장은 행복했을까?'같이 본문 내용 전체를 관통하는 질문을 찾아본다.

❾ 1:1 찬반 하브루타 독서 토론(궁금 질문 중 찬성/반대 또는 옳고/그름 등으로 의견이 나뉠 수 있는 질문)

궁금 질문 중 '끝까지 임금님을 자극한 촌장의 행동은 옳은가?'같이 의견이 나뉘는 질문이 있다면 찬반 하브루타로 확장한다. 먼저, '찬성-옳다' / '반대-옳지 않다.'로 입장을 나누어 찬성/반대 토론을 한 후 입장을 바꾸어(스위칭) 반대/찬성 토론을 한다. 가족이 4명이면 짝을 바꾸어(체인징) 다시 찬성/반대 토론을 한 후 입장을 바꾸어(스위칭) 반대/찬성 토론을 한다. 찬반 토론을 모두 마치면 네 사람이 함께 옳고 그름을 떠나 문제 해결을 위해 더 나은 방법은 없는지 토론하고 마무리한다(창의적 문제 해결).

❿ 비판적 글쓰기(작가의 생각에 대한 자신의 생각을 밝히는 글쓰기)

'행복하게 살기 위한 방법에는 어떤 것이 있을까?'같은 주제로 지금까지 토론했던 내용을 종합하고, 자신의 생각을 밝히면서 글쓰기를 한다.

⑪ 소감 나누기(상호 피드백, 리더 피드백)

토론을 마치면 오늘의 토론 리더가 한 사람씩 돌아가며 토론이 어땠는지 소감을 묻는다. 그리고 나서 다음 가족 독서 토론을 안내하고 오늘 열심히 독서 토론에 참여한 가족들을 칭찬하는 멘트로 마무리한다. 리더가 토론 내용을 정리하거나, 자신의 소감을 말하며 마무리하지 않도록 유의한다. 주입식 토론이 되어버릴 수 있기 때문이다.

참을성에 관한 이야기
《마시멜로 이야기》

글 호아킴 데 포사다, 엘런 싱어/한국경제신문(초등 중학년 이상)

❶ 낭독(역할극으로 텍스트 읽기)

가족 수에 따라 적절히 역할을 배정한다. 배역은 해설 1~3, 래리 버드, 기자, 호르헤 포사다, 아버지, 감독으로 나누고 아빠나 엄마가 토론 리더가 되어 아이들에게 래리 버드와 기자, 호르헤 포사다와 아버지, 감독 배역을 맡기고 해설은 돌아가며 한 페이지씩 읽도록 한다. 저학년이라면 나이를 감안해 읽는 분량을 줄여주는 것이 좋다. 다 함께 낭독한 후에는 돌아가며 소감을 나눈다.

❷ 경험(텍스트 내용과 비슷한 경험 나누기)

'어떤 일을 하기 전에 준비를 해본 경험은?'같이 주인공과 비슷한 경험을 했는지 묻는다. 만약 아이들이 무언가 미리 준비해본 적이 없다면 주인공과 관련된 경험 말고도 이 텍스트에 나오는 여러 경험을 물어보면 좋다. 바로 행동하지 않고 참았기 때문에 더 좋은 결과를 가져온 경험, 농구나 야구 또는 축구 등 운동 경기를 관람한 경험, 직접 운동 경기를 해본 경험, 중요한 일을 앞두고 특별한 행동을 한 경험, 자신이 원하지 않는 일을 권유로 하게 된 경험, 부모님 말씀을 들었더니 더 좋은 결과가 나왔던 경험, 그 반대의 경험 등으로 확장해 질문하면 다양한 이야기가 나와 시간이 부족할지도 모른다.

❸ 재미(재미있었던 부분 찾기)

'웃기는', '기발한', '신선한', '이상한' 부분이 모두 해당된다. 텍스트에서 특별히 재미있었던 부분이 있었는지 묻고 이야기 나눈다. 재미있는 것을 좋아하는 아이들이다 보니 재미있는 부분을 생각보다 잘 찾아낸다. 만약 재미있는 부분이 없다면 그냥 넘어가면 된다.

❹ 궁금(가장 궁금했던 부분으로 질문 만들기)

아이들에게 포스트잇을 나눠주고 궁금했던 것을 질문으로 만들어보라고 한다. 적는 것을 힘들어하면 말로 질문하도록 해도 좋다. 독서토론 모임에서 나온 대표적인 질문은 다음과 같다.

- 코트 바닥에 홈이 정말 있을까?
- 래리 버드는 홈을 찾는 습관 때문에 성공했을까?

- 래리 버드에게는 지지자나 격려자가 있었을까?
- 포사다의 아버지는 아들의 능력을 어떻게 의심 없이 믿었을까?
- 왜 포사다는 아버지의 조언을 따랐을까?
- 적성에 맞지 않는데도 다른 사람이 가지 않는 길을 가야만 하는 걸까?
- 당장 만족하지 않고 참는 실험과 성공을 위한 준비가 어떤 관계가 있을까?
- 마시멜로 실험에 참여한 아이들에게 다른 변화는 없었을까?

❺ 중요(주관적으로 가장 중요한 부분 말하기)

텍스트를 읽고 나서 어떤 생각이 드는지 묻는다. 새롭게 알게 된 사실이나 몰랐던 것을 알게 되었거나 인상적인 부분을 선택하면 된다. 이때 아이가 어떤 답을 하든 긍정적인 피드백을 해주는 것이 중요하다.

❻ 메시지(작가의 의도 유추해보기)

이 책을 쓴 작가는 우리에게 어떤 이야기를 해주고 싶었는지 묻고 답한다. 주제에 해당하는 키워드지만 정답은 없다.

❼ 필사(옮겨 적고 싶은 부분 베껴 쓰기)

내용과 이유, 느낌을 돌아가며 이야기한다. 책을 읽다 보면 다음에 다시 읽고 싶거나, 참고하고 싶어 밑줄을 긋게 되는 부분이 있을 것이다. 처음에는 한 문장 옮겨 적기로 시작해 점차 분량을 늘려가도 좋다.

❽ 핵심 해석적 질문(책의 주제와 관련해 전반적인 내용을 아우르는 질문 찾기)

'코트 바닥을 유심히 살핀 행동이 래리 버드의 성공과 어떤 관련이 있을까?', '호르헤 포사다의 아버지는 왜 아들에게 포지션과 타석을 바꾸라고 했을까?'같이 본문 내용 전체를 관통하는 질문을 찾아본다.

❾ 1:1 찬반 하브루타 독서 토론(궁금 질문 중 찬성/반대 또는 옳고/그름 등으로 의견이 나뉠 수 있는 질문)

궁금 질문 중 '단점을 보완하는 것이 옳은가, 장점을 강화하는 것이 옳은가?'와 같이 의견이 나뉘는 질문이 있다면 찬반 하브루타로 확장한다. 먼저, '찬성-옳다'/'반대-옳지 않다.'로 입장을 나누어 찬성/반대 토론을 한 후 입장을 바꾸어(스위칭) 반대/찬성 토론을 한다. 가족이 4명이면 짝을 바꾸어(체인징) 다시 찬성/반대 토론을 한 후 입장을 바꾸어(스위칭) 반대/찬성 토론을 한다. 찬반 토론을 모두 마치면 네 사람이 함께 옳고 그름을 떠나 문제 해결을 위해 더 나은 방법은 없는지 토론하고 마무리한다(창의적 문제 해결).

⑩ 비판적 글쓰기(작가의 생각에 대한 자신의 생각을 밝히는 글쓰기)

'내일 성공하기 위해 오늘 무엇을 준비해야 할까?' 같은 주제로 지금까지 토론한 내용을 종합하고, 자신의 생각을 밝히며 글쓰기를 한다.

⑪ 소감 나누기(상호 피드백, 리더 피드백)

토론을 마치면 오늘의 토론 리더가 한 사람씩 돌아가며 토론이 어땠는지 소감을 묻는다. 그러고 나서 다음 가족 독서 토론을 안내하고 오늘 열심히 독서 토론에 참여한 가족들을 칭찬하는 멘트로 마무리한다. 리더가 토론 내용을 정리하거나, 자신의 소감을 말하며 마무리하지 않도록 유의한다. 주입식 토론이 되어버릴 수 있기 때문이다.

자연보호에 관한 명연설문 이야기
《시애틀 추장 연설문》

글 정명림/현북스(초등 중학년 이상)

❶ 낭독(역할극으로 텍스트 읽기)

　가족 수에 따라 적절히 역할을 배정한다. 연설문이므로 연사가 된 것처럼 돌아가면서 소리 내어 읽는다. 아빠나 엄마가 토론 리더가 되어 분량을 나누어 돌아가며 몇 단락씩 낭독하도록 한다. 강연자가 된 것처럼 일어서서 낭독하면 더 재미있다. 다 함께 낭독한 후에는 돌아가며 소감을 나눈다.

❷ 경험(텍스트 내용과 비슷한 경험 나누기)

　'시애틀 추장처럼 다른 사람을 설득한 경험이 있었나?'같이 주인공과 비슷한 경험을 했는지 묻는다. 만약 아이들이 다른 사람을 설득해 본 경험이 없다고 하면 주인공과 관련된 경험 말고도 이 텍스트에 나오는 여러 경험을 물어보면 좋다. 멋진 연설 장면을 본 경험, 인디언을 본 경험(직접 또는 영화 등에서 간접적으로 본 경험), 자연보호와 관련된 경험, 남의 것을 빼앗아본 경험, 빼앗겨본 경험 등으로 확장해 질문하면 많은 이야기가 나올 것이다.

❸ 재미(재미있었던 부분 찾기)

'웃기는', '기발한', '신선한', '이상한' 부분이 모두 해당된다. 텍스트에서 특별히 재미있었던 부분이 있었는지 묻고 이야기 나눈다. 재미있는 것을 좋아하는 아이들이다 보니 재미있는 부분을 생각보다 잘 찾아낸다. 만약 재미있는 부분이 없다면 그냥 넘어가면 된다.

❹ 궁금(가장 궁금했던 부분으로 질문 만들기)

아이들에게 포스트잇을 나눠주고 궁금했던 것을 질문으로 만들어보라고 한다. 적는 것을 힘들어하면 말로 질문하도록 해도 좋다. 독서토론 모임에서 나온 대표적인 질문은 다음과 같다.

- 왜 백인들은 인디언들의 땅을 빼앗았을까?
- 백인들은 왜 인디언들을 '홍인'이라고 부를까?
- 이후에는 어떻게 되었을까?
- 문명이 발달함에 따라 우리가 놓치는 부분은 없을까?
- 과연 인디언들을 구역에 가두고 그들이 행복할 수 있으리라 생

각했을까?

- 이런 연설문을 본 백인들은 어떤 반응을 보였을까?

❺ 중요(주관적으로 가장 중요한 부분 말하기)

텍스트를 읽고 나서 어떤 생각이 드는지 묻는다. 새롭게 알게 된 사실이나 몰랐던 것을 알게 되었거나 인상적인 부분을 선택하면 된다. 이때 아이가 어떤 답을 하든 긍정적인 피드백을 해주는 것이 중요하다.

❻ 메시지(작가의 의도 유추해보기)

이 연설문을 쓴 작가는 우리에게 어떤 이야기를 해주고 싶었는지 묻고 답한다. 주제에 해당하는 키워드지만 정답은 없다.

❼ 필사(옮겨 적고 싶은 부분 베껴 쓰기)

내용과 이유, 느낌을 돌아가며 이야기한다. 책을 읽다 보면 다음에 다시 읽고 싶거나, 참고하고 싶어 밑줄을 긋게 되는 부분이 있을 것이다. 처음에는 한 문장 옮겨 적기로 시작해 점차 분량을 늘려가도 좋다.

❽ 핵심 해석적 질문(책의 주제와 관련해 전반적인 내용을 아우르는 질문 찾기)

'시애틀 추장은 왜 우리는 결국 한 형제라고 말했을까?'같이 본문 내용 전체를 관통하는 질문을 찾아본다.

❾ 1:1 찬반 하브루타 독서 토론(궁금 질문 중 찬성/반대 또는 옳고/그름 등으로 의견이 나뉠 수 있는 질문)

궁금 질문 중 '개발이 옳은가, 환경 보존이 옳은가?'같이 의견이 나뉘는 질문이 있다면 찬반 하브루타로 확장한다. 먼저, '찬성 - 옳다' / '반대 - 옳지 않다.'로 입장을 나누어 찬성/반대 토론을 한 후 입장을 바꾸어(스위칭) 반대/찬성 토론을 한다. 가족이 4명이면 짝을 바꾸어(체인징) 다시 찬성/반대 토론을 한 후 입장을 바꾸어(스위칭) 반대/찬성 토론을 한다. 찬반 토론을 모두 마치면 네 사람이 함께 옳고 그름을 떠나 문제 해결을 위해 더 나은 방법은 없는지 토론하고 마무리한다(창의적 문제 해결).

❿ 비판적 글쓰기(작가의 생각에 대한 자신의 생각을 밝히는 글쓰기)

'자연과 더불어 살기 위해 우리는 어떻게 하면 좋을까?' 같은 주제로 지금까지 토론했던 내용을 종합하고, 자신의 생각을 밝히며 글쓰기를 한다.

⓫ 소감 나누기(상호 피드백, 리더 피드백)

토론을 마치면 오늘의 토론 리더가 한 사람씩 돌아가며 토론이 어땠는지 소감을 묻는다. 그러고 나서 다음 가족 독서 토론을 안내하고 오늘 열심히 독서 토론에 참여한 가족들을 칭찬하는 멘트로 마무리한다. 리더가 토론 내용을 정리하거나, 자신의 소감을 말하며 마무리하지 않도록 유의한다. 주입식 토론이 되어버릴 수 있기 때문이다.

실천의 중요성에 관한 이야기
《춤추는 고래의 실천》

글 켄 블랜차드, 폴 마이어 외 1명/청림출판(초등 고학년 이상)

❶ 낭독(역할극으로 텍스트 읽기)

가족 수에 따라 적절히 역할을 배정한다. 강의 시나리오이므로 연사가 된 것처럼 돌아가면서 소리 내어 읽는다. 아빠나 엄마가 토론 리더가 되어 분량을 나누어 돌아가며 몇 단락씩 낭독하도록 한다. 독서 토론을 몇 번 했다면 아이들에게 7키워드 중 몇 개의 키워드 리더를 하도록 해도 좋다. 낭독할 때는 강연자가 된 것처럼 일어서서 하면 더 재미있다. 다 함께 낭독한 후에는 돌아가며 소감을 나눈다.

❷ 경험(텍스트 내용과 비슷한 경험 나누기)

'지금까지 들은 것 중 최고의 명강의가 있었다면?'같이 주인공과 비슷한 경험을 했는지 묻는다. 만약 아이들이 명강의를 들어본 적이 없다고 하면 이 텍스트에 나오는 여러 경험을 물어보면 좋다. 자기 관리를 철저히 해서 행동 변화에 성공한 경험, 무언가를 결심했는데 작심삼일로 끝난 경험, 살을 빼본 경험, 아는 것을 실천하지 못했던 경험 등으로 확장해 질문하면 이야기보따리를 풀어놓을 것이다.

❸ 재미(재미있었던 부분 찾기)

'웃기는', '기발한', '신선한', '이상한' 부분이 모두 해당된다. 텍스트에서 특별히 재미있었던 부분이 있었는지 묻고 이야기 나눈다. 재미있는 것을 좋아하는 아이들이다 보니 재미있는 부분을 생각보다 잘 찾아낸다. 만약 재미있는 부분이 없다면 그냥 넘어가면 된다.

❹ 궁금(가장 궁금했던 부분으로 질문 만들기)

아이들에게 포스트잇을 나눠주고 궁금했던 것을 질문으로 만들어보라고 한다. 적는 것을 힘들어하면 말로 질문하도록 해도 좋다. 독서 토론 모임에서 나온 대표적인 질문은 다음과 같다.

- 정보 과부하 시대에 선택과 집중 방법은 무엇일까?
- 배운 걸 실천하라는 것은 동양 사상인데 어떻게 서양 사람이 커닝했을까?
- 뇌가 실제와 입력된 정보를 구별하지 못한다고 하는데, 정말 그

럴까?

- 우리의 현재 모습이 유년 시절과 밀접한 관련이 있다는데, 어느 정도로 영향을 미칠까?
- 이 책 내용에 해당하는 고사성어는 무엇일까?
- 사후 관리 계획에 대한 구체적인 내용은 무엇일까?
- 이 책에 고래는 언제 나올까?

❺ 중요(주관적으로 가장 중요한 부분 말하기)

텍스트를 읽고 어떤 생각이 드는지 묻는다. 새롭게 알게 된 사실이나 몰랐던 것을 알게 되었거나 인상적인 부분을 선택하면 된다. 이때 아이가 어떤 답을 하든 긍정적인 피드백을 해주는 것이 중요하다.

❻ 메시지(작가의 의도 유추해보기)

이 책을 쓴 작가는 우리에게 어떤 이야기를 해주고 싶었을지 묻고 답한다. 주제에 해당하는 키워드지만 정답은 없다.

❼ 필사(옮겨 적고 싶은 부분 베껴 쓰기)

옮겨 적고 싶은 내용과 이유, 느낌을 돌아가며 이야기한다. 책을 읽다 보면 다음에 다시 읽고 싶거나, 참고하고 싶어 밑줄을 긋게 되는 부분이 있을 것이다. 처음에는 한 문장 옮겨 적기로 시작해 점차 분량을 늘려가도 좋다.

❽ 핵심 해석적 질문(책의 주제와 관련해 전반적인 내용을 아우르는 질문 찾기)

'아는 것을 실천하려면 어떻게 해야 하는가?'같이 본문 내용 전체를 관통하는 질문을 찾아본다.

❾ 1:1 찬반 하브루타 독서 토론(궁금 질문 중 찬성/반대 또는 옳고/그름 등으로 의견이 나뉠 수 있는 질문)

궁금 질문 중 '사후 관리 시 혼자서는 못하고 여러 명의 코치가 꼭 필요한가?'같이 의견이 나뉘는 질문이 있다면 찬반 하브루타로 확장한다. 먼저 '찬성-옳다'/'반대-옳지 않다.'로 입장을 나누어 찬성/반대 토론을 한 후 입장을 바꾸어(스위칭) 반대/찬성 토론을 한다. 가족이 4명이면 짝을 바꾸어(체인징) 다시 찬성/반대 토론을 한 후 입장을 바꾸어(스위칭) 반대/찬성 토론을 한다. 찬반 토론을 모두 마치면 네 사람이 함께 옳고 그름을 떠나 문제 해결을 위해 더 나은 방법은 없는지 토론하고 마무리한다(창의적 문제 해결).

❿ 비판적 글쓰기(작가의 생각에 대한 자신의 생각을 밝히는 글쓰기)

'진정한 변화에 성공하는 방법은 무엇일까?' 같은 주제로 지금까지 토론한 내용을 종합하고, 자신의 생각을 밝히며 글쓰기를 한다.

⑪ 소감 나누기(상호 피드백, 리더 피드백)

토론을 마치면 오늘의 토론 리더가 한 사람씩 돌아가며 토론이 어땠는지 소감을 묻는다. 그러고 나서 다음 가족 독서 토론을 안내하고 오늘 열심히 독서 토론에 참여한 가족들을 칭찬하는 멘트로 마무리한다. 리더가 토론 내용을 정리하거나, 자신의 소감을 말하며 마무리하지 않도록 유의한다. 주입식 토론이 되어버릴 수 있기 때문이다.

멘토의 중요성에 관한 이야기 《Ping 핑》

글 스튜어트 에이버리 골드/웅진윙스(초등 고학년 이상)

❶ 낭독(역할극으로 텍스트 읽기)

가족 수에 따라 적절히 역할을 배정한다. 해설 1~3, 핑, 부엉이로 역할을 나누고 돌아가면서 소리 내어 읽는다. 아빠나 엄마가 토론 리더가 되어 분량을 나누어 돌아가며 몇 단락씩 낭독하도록 한다. 독서 토론을 여러 번 했다면 아이들에게 7키워드 중 몇 개의 키워드 리더를 하도록 해도 좋다. 다 함께 낭독한 후에는 돌아가며 소감을 나눈다.

❷ 경험(텍스트 내용과 비슷한 경험 나누기)

'핑처럼 멘토가 있었던 경험은?'같이 주인공과 비슷한 경험을 했는지 묻는다. 만약 아이들이 멘토가 있었던 경험이 없다고 하면 이 텍스트에 나오는 여러 경험을 물어보면 좋다. 무언가를 달성하기 위해 무모한 도전을 해본 경험, 위험을 무릅쓰고 도전한 경험, 도전이 두려워

포기한 경험, 누군가에게 코칭을 해준 경험 등으로 확장해 질문하면 아마도 잊고 있던 다양한 경험이 떠오를 것이다.

❸ 재미(재미있었던 부분 찾기)

'웃기는', '기발한', '신선한', '이상한' 부분이 모두 해당된다. 텍스트에서 특별히 재미있었던 부분이 있었는지 묻고 이야기 나눈다. 재미있는 것을 좋아하는 아이들이다 보니 재미있는 부분을 생각보다 잘 찾아낸다. 만약 재미있는 부분이 없다면 그냥 넘어가면 된다.

❹ 궁금(가장 궁금했던 부분 질문 만들기)

아이들에게 포스트잇을 나눠주고 궁금했던 것을 질문으로 만들어 보라고 한다. 적는 것을 힘들어하면 말로 질문하도록 해도 좋다. 독서 토론 모임에서 나온 대표적인 질문은 다음과 같다.

- 왜 부엉이는 핑에게 두 발로 걸으라는 무모한 도전을 시켰을까?
- 왜 부엉이는 매의 습격을 받았을까?
- 왜 부엉이의 먹이인 개구리를 주인공으로 설정했을까?
- 핑은 몇 미터나 뛰었을까?
- 핑이 flow한 건 잠재력일까, 학습력일까?
- 항상 그 자리에서 기다리는 행복은 무엇일까?

❺ 중요(주관적으로 가장 중요한 부분 말하기)

텍스트를 읽고 나서 어떤 생각이 드는지 묻는다. 새롭게 알게 된 사실이나 몰랐던 것을 알게 되었거나 인상적인 부분을 선택하면 된다. 이때 아이가 어떤 답을 하든 긍정적인 피드백을 해주는 것이 중요하다.

❻ 메시지(작가의 의도 유추해보기)

이 책을 쓴 작가는 우리에게 어떤 이야기를 해주고 싶었을지 묻고 답한다. 주제에 해당하는 키워드지만 정답은 없다.

❼ 필사(옮겨 적고 싶은 부분 베껴 쓰기)

옮겨 적고 싶은 내용과 이유, 느낌을 돌아가며 이야기한다. 책을 읽다 보면 다음에 다시 읽고 싶거나, 참고하고 싶어 밑줄을 긋게 되는 부분이 있을 것이다. 처음에는 한 문장 옮겨 적기로 시작해 점차 분량을 늘려가도 좋다.

❽ 핵심 해석적 질문(책의 주제와 관련해 전반적인 내용을 아우르는 질문 찾기)

'핑은 왜 부엉이에게 철썩강을 점프해서 건너겠다고 말했을까?', '핑은 왜 앞으로 만나는 사람들에게 자신의 이야기를 해주겠다고 다짐했을까?'같이 본문 내용을 관통하는 핵심 해석적 질문을 찾고 이야기 나눠본다.

❾ 1:1 찬반 하브루타 독서 토론(궁금 질문 중 찬성/반대 또는 옳고/그름 등으로 의견이 나뉠 수 있는 질문)

궁금 질문 중 '달성 가능한 목표가 옳은가, 무모한 목표가 옳은가?'와 같이 의견이 나뉘는 질문이 있다면 찬반 하브루타로 확장한다. 먼저, '찬성-옳다'/'반대-옳지 않다.'로 입장을 나누어 찬성/반대 토론을 한 후 입장을 바꾸어(스위칭) 반대/찬성 토론을 한다. 가족이 4명이면 짝을 바꾸어(체인징) 다시 찬성/반대 토론을 한 후 입장을 바꾸어(스위칭) 반대/찬성 토론을 한다. 찬반 토론을 모두 마치면 네 사람이 함께 옳고 그름을 떠나 문제 해결을 위해 더 나은 방법은 없는지 토론하고 마무리한다(창의적 문제 해결).

❿ 비판적 글쓰기(작가의 생각에 대한 자신의 생각을 밝히는 글쓰기)

'최상의 삶을 살려면 어떻게 해야 할까?' 같은 주제로 지금까지 토론한 내용을 종합하고, 자신의 생각을 밝히며 글쓰기를 한다.

⑪ 소감 나누기(상호 피드백, 리더 피드백)

토론을 마치면 오늘의 토론 리더가 한 사람씩 돌아가며 토론이 어 땠는지 소감을 묻는다. 그러고 나서 다음 가족 독서 토론을 안내하고 오늘 열심히 독서 토론에 참여한 가족들을 칭찬하는 멘트로 마무리한 다. 리더가 토론 내용을 정리하거나, 자신의 소감을 말하며 마무리하 지 않도록 유의한다. 주입식 토론이 되어버릴 수 있기 때문이다.

진북 하브루타 독서 토론으로
진짜 독서를 하며 자신만의 북극성을 찾자

한국형으로 개발된 진북 하브루타 독서 토론은 다양한 학교 현장을 변화시켜왔다. 변화에 성공한 사례 중 김해 OO초등학교 선생님이 이끄는 독서 토론회 '아고라북'의 사례는 '진북 하브루타 독서 토론'의 다양한 원리와 특장점이 교육 현장에 적용되어 큰 반향을 불러일으킨 사례라고 할 수 있다. 물론 초등학교 교사로서의 열정도 큰 몫을 차지했다.

아고라북을 이끈 선생님은 진북 하브루타 독서 토론을 접하고 난 후 책을 읽고 토론하는 것이 책을 깊이 있게 이해하는 데 많은 도움을 준다는 사실을 깨닫고 자체 순수 동아리로 독서 토론회를 결성했다.

이후 매월 1권씩 책을 선정해 독서 토론을 이끌면서 독서 토론 방식을 동료 교사들에게도 안내해 학생들에게 적용했다. 또 그 과정을 누리집에 공유하고 중학생이 된 제자들과 '사제동행 독서동아리'를 운영해 독서와 별로 친하지 않았던 학생조차 독서 대회에서 우수한 성과를 거둘 수 있도록 이끌었다.

당사자인 초등학생의 사례를 보면 어떤 아이라도 진북 하브루타 독서 토론을 통해 책과 친해지게 할 수 있겠다는 자신감이 생긴다. 무엇보다 큰 수확은 진북 하브루타 독서 토론의 우수성이 교육청과 교육부를 통해 입증되었다는 점이다. 경남교육청에서 초등 교사 독서 토론회 아고라북을 2011년에 창의 인성 동아리, 2012년에 인성 교육 중심 교과 연구 동아리로 선정했다. 2013년에는 교육부 주최 전국 인성 교육 우수 동아리 사례 공모에서 전국 40팀 중 하나로 선정되었다.

이런 성과의 비결은 '진북 하브루타 독서 토론이 지니고 있는 인성 교육적 요소(수용, 공감, 배려, 다양성 인정 등)와 다른 프로그램에서는 찾아보기 힘든 경청 스킬 때문이다. 진북 하브루타 독서 토론이 왜 인성 교육에 적합한 최고의 프로그램인지 이해가 될 것이다.

진북 하브루타 독서 토론에는 쉽게 눈치채지 못하는 다양한 원리도 숨어 있다. 한국형 하브루타 방식을 적용하고, 기억과 학습의 원리를 적용해 읽은 내용이 자신도 모르게 생생하게 기억에 남는다. 그리고 책의 종류와 목적에 따라 다른 독서법의 원리, 동서양의 공부 문화를 아우르는 다양한 공부법을 적용했으며 시각적, 청각적, 운동감각적 등 서로 다른 인지 방법도 고려한다. 또 이성·감성·행동형으로 구분되는 성격 유형의 원리, 그리고 학습 역삼각형의 원리까지 고려해 가장 효율적인 독후 활동 방법을 적용한다.

진북 하브루타 독서 토론을 이끄는 토론 리더의 소양 역시 차별화되어 있다. 일반적인 토론 모임이 리더 1명을 세워 토론을 진행하는 반면, 진북 하브루타 독서 토론 강좌는 체계적으로 독서 토론 전문가 양성 과정을 거친 토론 리더들이 운영한다. 토론 리더는 단순히 토론을 이끄는 사람이 아니라 지속적인 보수 교육을 통해 독서 토론을 재미있고 유익하게 진행할 수 있는 독서 토론 전문가로 성장해가는 사람들이다.

7키워드와 1:1 찬반 하브루타 방식만 알면, 누구나 쉽게 어디서나 독서 토론을 실천할 수 있는 플랫폼 역할을 하기 때문에 각 가정의 부모가 맘 코치 또는 대디 코치가 되어 자녀들을 이끌어줄 수 있다. 토론 리더로서 꼭 알아야 할 전문적인 내용은 3장을 참고하면 된다.

토론 리더는 세 가지 규칙(책을 읽은 사람만 참여, 책의 내용에 대해서만 토론, 경청을 위한 토킹 스틱 활용)을 철저히 적용하고, 7키워드(낭독, 경험, 재미, 궁금, 중요, 메시지, 필사)와 1:1 찬반 하브루타를 바탕으로 토론을 리드한다. 얼핏 단순해 보이는 세 가지 규칙과 7개 키워드를 통해 독서 토론을 이끌지만, 되도록 이론적 배경에 숨어 있는 원리를 이해하고 꾸준

진북 하브루타 독서 토론

히 독서 토론 전문가로 성장하면서 독서 토론을 이끌면 되지만, 이론적 배경에 숨어 있는 원리까지 이해하고 꾸준히 독서 토론을 실천한다면 누구나 전문가 못지않은 실력을 갖출 것이다.

진북 하브루타 독서 토론을 통해 많은 사람들이 책쓰기에 도전하고 있다. 진북 하브루타 독서 토론은 여러 사람과 다양한 방식으로 토론을 하다 보니 글쓰기에서 가장 문제가 되는 글감을 충분히 만들게 된다. 평소 아이들과 독서 토론을 하면서 비판적 글쓰기를 통해 자신의 생각을 정리해보는 시간을 갖다 보면 글쓰는 실력이 점차 향상될 것이다. 글 쓰는 양도 많아지고 내용도 풍부해지다 보면 스스로 자신이 쓴 글을 보고 놀랄 것이다. 이런 과정을 통해 책 한 권 쓰는 것도 어려운 일이 아니라는 생각을 하게 될 것이다.

자녀들과 함께 진북 하브루타 독서 토론을 꾸준히 실천하다 보면 처음에는 표현력이 향상되고, 점차 독해력과 이해력이 향상되며 사고력이 좋아지고, 토론 리더 역할을 통해 리더십도 길러지는 것을 확인할 수 있을 것이다.

최근 학교에 혁신의 바람이 불고 있는 것은 매우 고무적인 일이다. 이제는 지나친 경쟁 교육, 주입식·암기식 교육, 수동적인 교육, 성적 위주의 교육 등이 참여식의 능동적인 교육, 나 자신을 찾는 교육, 개성을 존중하며 꿈과 끼를 찾는 교육으로 바뀌고 있어 다행이다.

진북 하브루타 독서 토론은 새롭게 변해가고 있는 교육과정과도

맥이 닿아 있다. 진북 하브루타 독서 토론은 독해력과 이해력, 사고력, 표현력 등의 향상으로 창의력과 리더십을 요구하는 21세기 미래 인재를 길러내는 데 꼭 필요한 교육 방법이기 때문이다.

특히 진북 하브루타 독서토론은 듣기, 말하기, 읽기, 쓰기 등 종합적인 의사소통 수단을 활용하기 때문에 '소통 능력'은 물론 요즘 아이들에게 큰 문제로 대두 되고 있는 '문해력'을 신장시키는 탁월한 교육 방법이라고 할 수 있다. 또한 과정 중에 계획력과 실행력, 주도성을 키울 수 있어, 21세기 인재의 핵심 능력 중 하나라고 할 수 있는 '자기주도학습 능력'까지 신장시켜 주는 최고의 교육 방법이다.

이런 이유로 각 가정의 엄마나 아빠가 하브루타 독서 토론 리더가 되면 좋겠다. 유대인 가정처럼 각 가정에서 책을 읽고 토론하며 자녀의 생각을 존중하고 수용하며 격려하고 지지해주는 문화가 생긴다면 우리나라 전체의 문화가 바뀌어나갈 것이기 때문이다. 또 진북 하브루타 독서 토론은 나 다움을 찾는 교육, 즉 자신만의 사명을 복원하는 교육이다. 우리는 모든 사람이 자신만의 북극성을 찾고, 세상을 위해 어떤 의미 있는 일을 하며 살아가야 하는지 깨닫도록 돕는 북극성 여정에 늘 동반자가 되어줄 것이다.

진북 하브루타 독서 토론, 무엇이든 물어보세요

요즘 '하브루타'나 '독서 코칭', 독서법' 등을 주제로 학부모, 직장인, 독서 지도사, 독서 코치 등 다양한 분들을 대상으로 간담회를 자주 열게 된다. 가정에서 독서 토론을 실천하는 학부모나 동아리 형태의 독서 토론 모임에 참여하는 분들을 모아서 평소 갖고 있던 궁금증을 해소하는 자리를 만드는 것이다. 간담회가 열리는 곳은 어디든 '부흥회' 분위기다. 각자의 고민에 대한 해결책을 찾게 되어 기쁜 마음이 얼굴로 전해지고, 행복한 미소가 가득해지기 때문이다. 간담회에서 나온 질문을 하나하나 수첩에 받아적다 보니 질문의 내용은 다르지만 결국 몇 가지 중요한 독서 원리만 알면 해법을 찾을 수 있는 것들이었다. 이 책을 읽은 독자들도 Q&A 사례를 통해 독서법에 대한 고민을 조금이나마 해소하길 바란다.

Q — 아이에게 책을 읽으라는 잔소리만 하게 되는 게 답답한데, 독서 지도를 어떻게 해야 할까요?

A — 우선 이성형, 감성형, 행동형 등 성격 유형의 차이와 시각적, 청각적, 운동감각적 등 인지 방법의 차이를 이해하고, 성격과 인지 방법 면에서 책을 좋아하지 않는 유형인지 살펴볼 필요가 있습니다. 그리고 독서에 대한 동기부여가 필요하겠지요. 책을 읽는 것이 재미있다는 것, 책을 읽고 토론하거나 만들기를 하는 것이 즐겁다는 것을 알려주면 좋습니다. 무엇보다 엄마가 즐겁게 책을 읽고 토론하는 모습을 보여준다면 잔소리할 일이 없을 겁니다. 학부모 독서 토론 모임에 참여해보는 것이 어떨까요?

Q — 전문가들은 계획적인 독서를 강조하지만 아이는 자유롭게 책을 읽고 싶어 하는데, 어떻게 하면 좋을까요?

A — 전문가의 조언대로 계획적인 독서를 하고 싶지만 아이가 억지로 읽게 될까 봐 염려가 되고, 아이가 읽고 싶은 대로 놔두자니 너무 편협한 독서가 될까 봐 걱정이 될 겁니다. 우선 아이 스스로 능동적인

독서를 한다는 점에서 책 읽기를 싫어하는 아이를 둔 엄마에 비하면 행복한 고민이라고 할 수 있습니다. 아이가 자라면서 관심 분야가 달라지고 자연, 역사, 추리 등 특정 분야에 집중할 때가 있지만 그리 오래가지는 않고 자연스럽게 다른 분야로 관심이 이동합니다. 다만 책은 골고루 읽는 것이 좋으니 아이와 상의해서 읽고 싶은 책과 읽어야 하는 추천서 목록을 함께 정하는 것이 좋을 것 같네요.

Q — 초·중등 엄마들의 가장 큰 고민이 글쓰기인데, 글쓰기를 잘하는 비결이 있나요?

A — 글쓰기는 결국 생각을 손으로 표현하는 것이므로, 글쓰기 이전에 생각하는 힘, 즉 사고력을 키우는 것이 우선입니다. 그리고 일반적으로 글쓰기를 어려워하는 아이들은 글감이 부족한 경우가 많기 때문에 쓸거리를 풍부하게 만들어주기 위해 책을 읽고 토론하는 활동에 참여하도록 하는 것이 좋습니다. 일단 독서 토론을 통해 글 양이 늘어나면 그다음으로 글의 목적과 순서, 구성 등 기본 요소를 바탕으로 독창성과 충실성, 진실성, 성실성, 명료성, 정확성, 경제성, 정직성, 논리성 등 좋은 글의 요건을 하나씩 갖춰나가면 됩니다.

Q — 실생활에서 아이들과 하브루타를 적용하는 법은 무엇인가요?

A — 일단 아이들이 좋아하는 것으로 재미있게 하브루타를 시작해

보시기 바랍니다. 그리고 뭔가를 하고 있을 때(TV, 스마트폰, 책, 장난감, 놀이 등)나 하고 나서 어땠는지 넌지시 질문을 던지며 하브루타 대화를 시도해보세요.

Q — 집에서 할 수 있는 하브루타 교육법은 무엇인가요?

A — 일상 하브루타는 게임 하브루타(팔 꼬았다 펴기, 주먹 탑 쌓기, 함께 콕콕콕, 8박자 에너지 박수, 발 구르며 박장대소 등), 놀이 하브루타(끝말잇기, 이야기 만들기, 수수께끼, 난센스 퀴즈 등), 다주제 하브루타(외식, 쇼핑, 여행, 문제 해결 등), 다매체 하브루타(시, 그림, 노래, 영상, 《탈무드》 등), 독서 하브루타(단편 문학, 중편 문학, 장편 문학, 시, 소설, 에세이, 비문학 등) 등 다양합니다. 자세한 내용은 《하브루타 일상수업》(성안북스)을 참고하시기 바랍니다. 하브루타 토론 카드, 하브루타 토론 스틱, 하브루타 주사위, 7키워드 무지개 독서 토론 카드 등 다양한 하브루타 토론 교구가 학토재에서 시리즈로 나오고 있으니 참고하세요.

학토재 행복가게 : http://www.happyedumall.com

Q — 가족과 함께 하브루타를 하고 싶은데, 40대 남자, 열 살 여자아이, 일곱 살 남자아이를 어떻게 같이 참여하게 할 수 있을까요?

A — 아이들이 초등학교 4학년 이상이라면 《독서 토론을 위한 10분 책 읽기》(경향미디어)로 가족 독서 토론을 하면 됩니다. 나이나 성별,

국적에 상관없이 하브루타 토론이 가능한 인문 고전 단편 문학작품으로 구성했기 때문에 조부모와 부모, 자녀 등 3대가 가족 독서 토론을 하기에 좋습니다. 열 살 이하 유·초등 자녀를 두셨다면 독서 하브루타를 하기 전에 놀이 하브루타를 시작으로 다주제 하브루타와 다매체 하브루타를 추천합니다. 특히 유튜브 영상이나 가족용 애니메이션 영화를 함께 보고 하브루타 토론을 해보는 것도 좋은 방법입니다. 다매체 하브루타용 추천 콘텐츠는 네이버 진북 하브루타 카페 '다매체 진북 하브루타 추천 콘텐츠' 게시판을 참고하시기 바랍니다.

Q — 유아 대상 그림책 하브루타 수업을 할 때 추천하고 싶은 책은 무엇인가요?

A — 하브루타 독서 토론용 책을 선정할 때는 보통 다섯 가지 기준에 따릅니다. 주제가 명확하고, 이해하기 쉬워야 하며, 평균적인 독서 수준에 맞아야 하고, 이야깃거리가 많아야 하며, 긍정적인 마인드와 올바른 가치관 형성에 도움을 줄 수 있어야 합니다. 하브루타 독서 토론용 그림책을 선정할 때는 하브루타 그림책 공식도 고려해야 합니다. 하브루타 그림책은 (생각 놀이+질문 게임)×(주도 참여+상호작용) 공식으로 정리할 수 있습니다. 즉 생각을 놀이처럼, 질문을 게임처럼 하고 주도적인 참여와 적극적인 상호작용이 일어나는 그림책이어야 하며, 의미보다는 흥미, 흥미보다는 재미를 우선하는 것이 좋습니다.

무엇보다 그림책 자체가 질문이나 퀴즈, 수수께끼, 숨은그림찾기 등으로 이루어져 자연스럽게 얘기가 오갈 수 있는 책이면 더욱 좋습니다.

Q — 하브루타로 보내는 놀이와 독서, 공부, 요리, 노동 등 하루 일상은 무엇인가요?

A — 하브루타는 짝을 지어 질문을 중심으로 토론하고 논쟁하는 유대인의 교육법입니다. 쉽게 말하면 '얘기하면서 공부하는 방법'이라고 할 수 있고, 간단하게 '말하는 공부법'이라고도 합니다. 놀이를 할 때나 독서, 공부, 요리, 노동(일)을 할 때 그냥 혼자서 그것만 하는 게 아니라 다른 사람과 함께 하면서 이야기를 나누면 그것이 바로 하브루타라고 할 수 있습니다. 다만 얘기를 나누려면 '질문과 대답'이라는 기본적인 방식에 익숙해야 합니다. 따라서 궁금한 것을 적극적으로 찾아보거나, TV나 영화를 보고 나서 질문을 만들어보거나, 책을 읽고 얘기 나누고 싶은 것을 생각해보는 연습이 필요합니다. 책을 읽고 토론하는 하브루타 독서 토론에 꾸준히 참여한다면 자연스럽게 '질문 습관'을 키울 수 있습니다.

Q — 하브루타를 수업 과목에 적용하는 방법은 무엇인가요?

A — 국어, 영어, 수학, 사회, 과학 등 주요 과목을 잘하는 핵심 비결은 커뮤니케이션입니다. 즉 어떤 과목의 실력은 해당 과목으로 듣기,

말하기, 읽기, 쓰기 등 기본적인 커뮤니케이션 시간을 얼마나 가졌는지가 좌우합니다. 따라서 학교나 학원에서 배우기만 할 게 아니라 해당 과목의 책을 읽고 하브루타 토론을 하는 것이 효과적입니다. 책을 읽고 낭독과 필사, 토론(경험, 재미, 궁금, 중요, 메시지 등)을 하며 '질문 하브루타', '설명 하브루타', '토의 하브루타', '찬반 하브루타' 등을 하다 보면 자연스럽게 과목에 대한 해박한 지식을 얻게 될 겁니다. 이때 교과서나 참고서보다는 재미있게 풀어서 쓴 수준별, 주제별 동화책(교양서)으로 토론하는 것이 바람직합니다.

Q — 아이들에게 자신감 있게 질문하도록 하는 방법은 무엇인가요?

A — 하브루타도 대화로 이루어지므로 대화법에서 강조하는 기본적인 약속을 지키는 것이 중요합니다. 아이를 인격적으로 존중하고, 어떤 생각이든 긍정적으로 수용하며, 명령이나 충고, 비난, 비교, 무시, 조롱 등을 하지 않는다면 자연스럽게 하브루타에 참여시킬 수 있을 겁니다. 하브루타의 시작과 끝이라고 할 수 있는 질문에 대한 자신감을 키우려면 게임과 놀이로 '질문 하브루타'를 하고, 평소에 어떤 것이든 궁금한 게 있으면 질문하라고 말하며, 가능하면 먼저 이것저것 궁금한 것을 아이에게 질문하는 것이 좋습니다. 이렇듯 부모가 먼저 질문하는 모습을 보인다면 아이도 자연스레 질문하는 사람으로 성장할 것입니다.

Q — 긴 글을 읽기 싫어하는 초등 저학년 아이에게 재미있게 책을 읽게 하는 방법은 무엇인가요?

A — 긴 글을 읽기 싫어하는 초등 저학년 아이라면 부모가 책을 많이 읽어주거나, 역할을 나눠서 아이와 함께 역할극을 하거나, 한 페이지씩 분량을 나눠 함께 읽거나 하는 방식으로 부모가 아이의 부담을 줄여주면 효과적입니다. 글을 읽기 싫어하는 데는 여러 이유가 있습니다. 일반적으로 인코딩(입력)과 디코딩(이해/저장), 싱킹(기억/출력) 등 세 가지 독서 과정 중 하나 이상에 문제가 생겼을 확률이 높습니다. 하브루타 독서 코칭 전문가와 상담해 부족한 부분을 보완해야 앞으로 더 어렵고 긴 글을 수월하게 읽을 수 있게 될 겁니다.

Q — 독서 능력 향상법과 독서를 하는 이유가 궁금해요.

A — 기본적인 독서 능력 향상법은 인코딩을 위한 '낭독 훈련', 디코딩을 위한 '필사 훈련', 싱킹을 위한 '토론 훈련' 등입니다. 그리고 책을 읽는 목적과 책의 종류에 따라 문학은 '속독이나 통독', 비문학은 '정독하며 밑줄 긋기', 교과서(참고서)는 '정독하며 밑줄 그은 후 5회 이상 반복' 등의 독서법을 활용하면 효과적입니다. 독서를 하는 이유는 재미와 감동을 얻기 위해(취미 독서), 지식과 정보를 얻기 위해(교양 독서), 시험을 잘 보기 위해(수험 독서) 등이 대표적입니다.

Q — 아이들이 스스로 알아서 본인이 할 일과 공부를 할 수 있도록 하는 하브루타 대화법은 무엇인가요?

A — 스스로 알아서 자신의 일을 하려면 '자기 주도성'을 갖춰야 합니다. 자기 주도성은 '동기부여'와 '구체적인 방법'으로 구성됩니다. 예를 들어 숙제를 스스로 알아서 하려면 먼저 숙제를 왜 해야 하는지, 하면 뭐가 좋은지, 자신에게 어떤 이익이 있는지 명확하게 인식해 동기부여가 되어야 합니다. 그리고 어떻게 하면 숙제를 짧은 시간에 효과적으로 할 수 있는지 구체적인 방법을 알려주어야 합니다. 효과적인 동기부여 방법은 '이성과 감성, 재미, 꿈' 등 4요소로 환경을 만들어주는 것이 좋습니다. 효과를 높이려면 다양한 학습 도구를 활용하면 도움이 됩니다.

Q — 집에서 혼자 낭독하면 좋은 점은 무엇인가요?

A — 낭독의 효과는 다음과 같습니다. 머리가 좋아진다, 이미지가 좋아진다, 자신감을 키운다, 능동적이 된다, 정독하게 된다, 어휘력이 향상된다, 이해력이 좋아진다, 마음이 평화로워진다, 행복 지수가 높아진다, 학습 효과를 높인다, 집중력이 향상된다, 발표력과 표현력이 좋아진다 등입니다. 부모가 아이에게 책을 읽어주면 책 속의 간접경험을 나눌 수 있고, 언어능력을 발달시키며, 읽기 모델을 만들어주고, 문학 감상 기회를 제공하며, 창의적, 상상적 사고력을 키울 수 있고,

정서적으로 안정될 수 있으며, 심미적 감상력을 키울 수 있고, 자신과 타인에 대해 이해할 수 있습니다. 또 규칙적인 읽어주기를 통해 올바른 독서 습관을 형성할 수 있고, 가정과 학교, 사회로 이어지는 독서 문화를 정착시킬 수 있습니다. 모유 수유가 육체적 스킨십이라면 낭독은 영혼의 스킨십이라고 할 수 있습니다. 우리 아이에게 어떤 유산을 남겨줄지 고민하지 말고, 최고의 선물인 낭독을 전해주길 바랍니다. 낭독의 힘은 강합니다.

Q — 말 안 듣는 아이를 말 잘 듣게 하는 방법은 무엇인가요?

A — 사람은 아이든 어른이든 자신에게 유·무형의 이익이 있어야만 움직이게 되어 있습니다. 하브루타 대화식으로 말을 잘 듣게 하려면 왜 이 일을 해야 하는지 아이 눈높이에서 알아들을 수 있게 충분히 설명하고, 아이에게 하기 싫은 이유를 충분히 설명하라고 하며, 서로 해야 할 이유와 하지 않아야 할 이유를 바탕으로 '찬반 하브루타'를 해보는 것이 좋습니다. 아이의 의견과 부모의 의견을 모두 적은 후 하브루타 대화를 하고, 서로가 수용할 수 있는 합리적인 선택을 하는 것도 좋은 방법입니다.

Q — 자녀의 마음을 풀어주는 하브루타 대화법은 무엇인가요?

A — 소통에 걸림돌이 되는 명령 / 지시, 경고 / 위협, 당부 / 설득, 충

고/제안, 평가/비판, 탐색/분석, 둘러대기, 비교하기 등을 하지 않고, 일단 화를 내지 말아야 합니다. 자녀를 동등한 인격체로 존중하고, 아이를 긍정적으로 신뢰하며, 선입견이나 편견 없는 경청을 통해 공감하고, 간섭하거나 중단하지 않고 수용하는 자세가 바람직합니다. 주의 깊게 들으며 맞장구를 쳐주고, 칭찬과 격려를 많이 해주는 것도 좋습니다. 무엇보다 최고의 대화법은 유머라는 것을 명심하고, 웃으며 얘기할 수 있는 분위기를 만듭니다.

Q — 하브루타를 집에서 실천할 때 지속성을 유지하는 방법은 무엇인가요?

A — 나부터, 지금부터, 할 수 있는 것부터 시작하는 것이 좋습니다. 하루 10분이라도 아이와 놀아주고 대화해보세요. 그리고 매주 하루는 하브루타의 날로 정해 하브루타를 해보시기 바랍니다. 그리고 하브루타를 넘어 티쿤올람, 후츠파, 체다카, 바르미쓰바, 마따호쉐프 등 유대인의 정신과 문화에 대해 조금씩 알아간다면 하브루타가 더욱 즐거워질 겁니다.

Q — 리더형 부모가 되어 아이들과 소통하며 리더형 아이로 키우는 방법은 무엇인가요?

A — 성공학의 고전이라고 할 수 있는 스티븐 코비의 《성공하는 사람들의 7가지 습관》(김영사)을 추천합니다. 습관 1 : 자신의 삶을 주도

하라(주도성), 습관 2 : 끝을 생각하며 시작하라(사명), 습관 3 : 소중한 것을 먼저 하라(시간 관리), 습관 4 : 승-승을 생각하라(윈윈), 습관 5 : 먼저 이해하고 다음에 이해시켜라(커뮤니케이션), 습관 6 : 시너지를 내라(협업), 습관 7 : 끊임없이 쇄신하라(자기 관리) 등은 시대를 초월한 리더의 조건입니다. 좋은 성공 습관을 갖추려고 노력하다 보면 '리더형 부모' 가 될 것이고, 자연스럽게 '리더형 아이'로 키우게 될 겁니다.

Q — 진로 독서를 통해 자신의 진로를 선택하는 데 어떤 도움을 받을 수 있을까요?

A — 진로 독서란 독서를 통해 진로를 탐색하는 활동을 의미합니다. 자신에 대한 이해, 세상에 대한 이해와 탐색, 사상과 가치관 발견, 경험과 사고력 확장, 직업과 학업 정보 습득, 비판 사고력과 학습 능력 향상 등 올바른 진로 선택과 결정에 효과적입니다. 자신의 적성을 구체적으로 발현하고 다양한 진로 탐색 기회를 얻기 위해서는 여러 분야의 책을 폭넓게 읽고, 책을 통해 세상에 대한 이해와 탐색의 시간을 충분히 갖는 것이 필요합니다. 책에 담긴 사상과 가치관을 발견하고, 책에서 여러 정보를 얻음으로써 자신의 경험과 사고력을 확장해 진로를 개척해나가는 능력을 기를 수 있기 때문입니다. 따라서 독서는 자신에 대한 이해와 직업 선택 기회의 폭을 넓히는 데 가장 적절한 수단이라고 할 수 있습니다.

Q — 하브루타 질문에 대한 답변이 다른 방향으로 갔을 때 리더가 제지해야 하나요?

A — 하브루타 독서 토론의 교육 목표는 자유롭게 생각하는 능력을 키우는 것입니다. 따라서 리더의 의도와 다른 답변을 하더라도 억지로 정해진 답변을 유도하는 것은 바람직하지 않습니다. 그저 그렇게 생각하는 이유를 물어보는 정도로 답변을 확인하는 것이 좋습니다.

Q — 독서 중 딴생각이 날 때 집중하는 방법이 있나요?

A — 보통 사람의 집중력 유지 시간이 15~20분 정도기 때문에 독서 중 딴생각이 나는 것은 자연스러운 현상입니다. 색소폰 연주가 케니 지가 3분 이상 한 음으로 연주할 수 있는 이유가 코로 숨을 쉬면서 입으로 부는 노하우가 있기 때문이듯, 성공한 학습자가 1시간 이상 집중력을 유지할 수 있는 이유는 집중력이 떨어질 때마다 다시 책에 집중하는 노하우가 있기 때문입니다. 일반적인 방법으로는 산책과 스트레칭, 명상, 클래식 음악 듣기, 세수하기 등이 있고, 좀 더 쉽고 간단한 방법으로는 만점 자세, 한 점 응시, 특정 글자 찾기 등이 있습니다. 만약 이런 방법도 활용하기 어렵다면 15~20분 정도 공부하고 3~5분 정도 쉬는 것을 반복하는 '분산 학습'을 통해 집중력을 높일 수도 있습니다.

Q — 말을 조리 있게 하고, 상대방을 논리적으로 설득하려면 어떻게 해야

할까요?

A — 상대방을 논리적으로 설득한다는 것은 믿음과 확신으로 가득한 내 마음처럼 상대방도 비슷한 마음을 갖게 한다는 의미입니다. 따라서 내가 전달하고자 하는 핵심 메시지를 상대방이 확실하게 인지하고 마음에 와 닿도록 하는 것이 중요합니다. 그러기 위해 기억과 학습의 원리에 따라 핵심을 '주기적으로 5회 이상 반복'하는 것이 효과적입니다. 그 외에 일반적인 논리적 말하기와 글쓰기 방법으로 본문에서도 설명한 IBC(Introduction, Body, Conclusion, 서론, 본론, 결론)와 PREP(Point, Reason, Example, Point, 핵심, 이유, 예시, 핵심) 원리가 있습니다.

Q — 읽은 책의 내용을 잊어버리지 않고 오랫동안 기억하고 싶은데, 방법이 있나요?

A — 책을 읽고 나서 쉽게 잊어버리거나 활용하지 못하는 가장 큰 이유는 '한 번만' 읽기 때문입니다. 기억과 학습의 원리에 따르면 우리가 읽은 책을 기억하려면 최소한 다섯 번 이상의 반복이 필요합니다. 그런데 반복을 많이 할수록 좋다는 것을 알면서도 실천하기 어려운 이유는 뇌가 반복하는 것을 싫어하기 때문입니다. 어떻게 하면 뇌가 싫어하거나 지루해하지 않게 하면서 다섯 번 반복할 수 있는지가 기억의 비밀을 푸는 중요한 열쇠입니다. 책의 종류와 독서의 목적에 따른 독서법인 '취미 독서(문학), 교양 독서(비문학), 수험 독서(수험서)' 등이

도움이 될 겁니다.

Q — 욕심이 많은 편인데, 빨리 읽으면서도 정독 효과를 거두는 방법이 있나요?

A — 일반적인 속독법은 빠른 안구 운동을 통해 위아래 혹은 대각선으로 훑어 읽거나 사진처럼 찍듯 읽는 방법입니다. 하지만 이런 방식으로 읽으면 이해하고 기억하는 내용이 줄어들 수밖에 없습니다. 완벽한 이해와 암기에 성공하면서도 빠르게 읽는 방법으로 '완전 학습 프로세스와 압축, 펼치기'를 바탕으로 한 수험 독서법을 추천하고 싶습니다. 단계적으로 학습 내용을 압축한 뒤 펼치기를 하면 자연스럽게 속독과 비슷한 방식으로 책을 읽게 됩니다. 일반적인 속독과 차이점은 핵심 내용을 잘 파악할 수 있어 고시나 공무원 시험에 합격한 사람들이 많이 활용한다는 것입니다.

Q — 책을 읽고 난 후 핵심을 요약하고 정리하는 데 효과적인 방법은 무엇인가요?

A — 필사를 바탕으로 한 '서머리의 기술'이 핵심 요약과 정리에 효과적인 방법입니다. 우선 통독을 하면서 책의 전체 내용을 대략 살펴보고, 정독을 하면서 중요한 내용을 중심으로 밑줄을 긋거나 포스트잇으로 표시를 합니다. 그렇게 구분된 중요한 내용을 필사(수기나 타이

핑)합니다. 필사한 내용을 바탕으로 의견이나 느낌을 곁들여 서머리를 하고 카페나 블로그, SNS 등으로 공유합니다. 이런 식으로 서머리해 두면 필요할 때 언제든 찾아서 꺼내 쓸 수 있는 자신만의 자료실을 갖게 되는 이점도 있습니다.

Q – 책 읽기를 싫어하고 읽는 속도도 느리지만 독서의 필요성은 크게 느끼고 있는데, 속독을 통해 독서 효과를 높일 수 있을까요?

A – 무조건 속독을 배워서 활용한다고 독서 효과가 높아지는 것이 아니라 책의 종류와 읽는 목적에 따라 적합한 방법을 선택해 활용해야 좋은 효과를 거둘 수 있습니다. 책 읽기를 싫어한다면 독서 토론을 통해 함께 어울리면서 책을 읽으면 좋아하게 될 것이고, 읽는 속도가 느린 것은 많이 읽다 보면 개선될 것입니다. 오히려 정독을 통해 얻을 수 있는 효과가 더 크므로 크게 걱정할 필요는 없습니다.

Q – 평소 학부모 독서 모임에서 신앙 서적과 문학 책을 주로 읽었는데, 비문학 책을 읽는 효과적인 방법은 뭔가요?

A – 비문학 책은 지식과 정보를 쌓기 위해서 보는 책이므로 그냥 읽기보다는 정독하면서 밑줄을 긋고, 밑줄 그은 내용을 필사하고 서머리하는 방식이 효과적입니다. 조금 귀찮고 힘들며, 시간이 많이 걸린다고 생각할 수도 있지만 자연스럽게 핵심 내용을 다섯 번 반복하

게 하는 효과가 있기 때문에 장기적으로는 독서 효과를 높이고 한 분야의 전문성을 키우는 데 탁월한 방법이라고 할 수 있습니다.

Q — 자기 계발서에 관심이 많은데, 좋은 책을 고르는 방법은 무엇인가요?

A — 일반적으로는 공인된 기관이나 협회의 추천서, 온·오프라인 서점의 베스트셀러(스테디셀러), 도서관의 대출 순위가 높은 책이 많은 사람들에게 인기 있는 책이기 때문에 무난한 선택 기준이 됩니다. 하지만 각자 책을 읽는 목적과 기대 수준이 다르기 때문에 직접 서점이나 도서관에 가서 책을 살펴본 후 선택하는 것이 좋습니다. 먼저 관심 있는 분야의 서가로 가서 제목과 목차를 보고, 머리말과 맺음말을 읽습니다. 책 중 20% 분량인 이 부분에 중요한 80% 정도의 내용이 담겨 있으므로 대강 훑어보기만 해도 본문 내용을 더 읽을지 말지 결정할 수 있습니다. 전체의 20%가 이익의 80%를 생산하는 것을 의미하는 '파레토(20/80) 법칙'이 독서에도 적용됩니다.

Q — 친구들의 연애 상담을 해주기 위해 연애 심리 도서를 탐독하는데, 전문성을 키우려면 어떻게 해야 할까요?

A — 연애 심리 관련 분야의 책을 읽고 토론하는 것이 가장 효과적인 방법입니다. 앞에서 소개한 독서법을 참고해 앞으로 다룰 구체적인 방법을 잘 숙지하고 활용한다면 전문가라는 소리를 듣게 될 겁니다.

Q — 어릴 때부터 운동을 좋아하고 몸을 쓰는 것은 잘하지만 가만히 앉아서 책 읽는 것은 무척이나 어려운데, '활자 거부증'이 의심되는 저 같은 사람은 어떻게 해야 할까요?

A — 본문에서도 설명했듯 보통 사람들이 배우는 방식은 크게 세 가지로 나뉩니다. 이성적인 사람은 텍스트 형태의 책을 통해, 감성적인 사람은 사람들과 대화를 통해, 행동적인 사람은 직접 몸으로 부딪치면서 배우는 것을 선호합니다. 사실 누구나 자신이 선호하는 방식으로 배웁니다. 다만 책을 통해 배우는 것이 여러모로 유리하기 때문에 상대적으로 좋아 보이는 것일 뿐입니다. 독서 토론 활동을 통해 다양한 참여 방식을 접한다면 활자 거부증을 더 이상 고민하지 않아도 될 겁니다.

Q — 경제 경영서를 즐겨 읽다가 최근에 인문학에 관심을 가지면서 책을 한두 권씩 사고 있는데, 서가에 장식용으로 꽂혀 있는 인문학 책을 어떻게 해야 할까요?

A — 인문학 책은 눈으로 읽고 이해하기 전에 입으로 소리 내어 읽고 가슴으로 느끼는 것이 먼저라고 생각합니다. 독서 토론에 참여해 함께 돌아가면서 낭독하고 7개 키워드로 하브루타 독서 토론을 하다 보면 인문학에 대한 관심과 이해가 커지고, 그때 자세한 설명이 있는 해설서를 읽거나 깊이 있는 관련 책을 읽으면서 공부해나가는 것이

좋다고 생각합니다. 저도 책꽂이에 동양 고전과 서양 고전 책이 많이 꽂혀 있습니다. 모든 일은 적당한 때가 있듯 서가에 장식품처럼 진열된 인문학 책에도 손이 가는 때가 있을 겁니다. 기쁜 마음으로 그때를 기다려봐도 좋을 것 같네요.

Q ─ 혼자 책 읽는 것도 좋지만 함께 토론하는 것도 재미있고 유익할 것 같은데, 효과적인 독서 토론 시스템은 어떤 건가요?

A ─ '낭독과 경험, 재미, 궁금, 중요, 메시지, 필사' 등 7개 키워드로 독서 토론을 하면 효과적입니다. 7개 키워드는 15년 정도 다양한 독서 토론 모임을 운영하면서 재미와 유익함, 감동을 주는 것을 바탕으로 선택한 것입니다. 문학과 비문학, 고전과 수험서를 가리지 않고 어떤 책이든 효과적으로 토론할 수 있게 하는 키워드이기도 합니다. 그외에 조별 토론, 1:1 찬반 하브루타, 브레인스토밍 등 다양한 토론 방식을 곁들이면 더욱 효과적입니다.

Q ─ 축구, 인라인스케이트, 헬스 등 운동 마니아고, 책을 잘 보지는 않지만 메모하고 정리하는 기술에는 관심이 있는데, 저 같은 사람도 효과적인 독서가 가능할까요?

A ─ 운동을 좋아하는 행동형의 특성을 고려해 텍스트 형태의 책 읽기만 생각하지 말고 발로 직접 뛰면서 몸으로 체험하면서 배우는

기회를 많이 갖는 것이 좋습니다. 책을 통해 배우든, 사람을 통해 배우든, 몸으로 배우든 일정 시간 꾸준히 지속하면 전문성을 갖추게 되고, 그 후에는 다양한 방식이 쉽게 이해됩니다. 다만 책도 읽어야겠다는 생각이 강하다면 혼자 머리 싸매고 고민하지 말고 독서 토론에 참여해 다양한 활동을 하며 독서의 재미를 느껴보시기 바랍니다.

Q — 책을 읽을 때 눈이 심하게 피로해 주로 차에서 오디오 북을 즐겨 듣는 편인데, 듣기보다 좀 더 효과적인 방법이 있을까요?

A — 자신의 특성에 잘 맞는 효과적인 방법으로 독서하고 계신 것 같습니다. 읽는 것과 듣는 것에는 큰 차이가 없다고 생각합니다. 다만 책을 한 번이 아니라 다섯 번 정도는 읽어야 핵심 내용을 잘 이해하고 기억할 수 있듯, 오디오 북도 다섯 번 정도는 반복해 듣는 것이 좋습니다. 보이스 레코드로 들은 내용을 요약 정리해서 녹음해본다든지, 스스로 질문을 던지고 답해본다든지, 가족이나 동료 등 다른 사람에게 들은 내용을 설명하는 방식을 활용한다면 효과를 좀 더 높일 수 있을 겁니다.

Q — 1만 원짜리 책 한 권의 가치가 1억 원 정도라고 들었는데, 책을 읽고 토론을 꾸준히 하면 변화할 수 있을까요?

A — 제가 평소에 독서에 대한 동기부여 강의를 할 때 자주 에로 드

는 말을 들으니 무척 기쁘네요. 맞습니다. 책을 쓰는 사람은 10년 동안 1억 원 정도의 시간과 비용, 노력을 들여 한 권의 책을 완성합니다. 그런데 책을 읽는 사람은 서점에서 사면 1만 원, 도서관에서 빌리면 공짜로 읽을 수 있습니다. 사실 가장 효과적인 투자가 바로 독서입니다. 그래서 아무리 강조해도 지나침이 없는 것이지요. 이렇게 가치 있는 상품을 제대로 읽고 토론을 꾸준히 한다면 변화에 성공할 수밖에 없지 않을까요?

Q ─ 평소 좋은 책이 있으면 주변 사람들에게 선물하는 것을 좋아하는데, 나 자신에게 줄 선물은 어떤 게 좋을까요?

A ─ 선물은 받을 때보다 고를 때 더 큰 기쁨을 준다고 하는데, 그 기쁨을 아는 분이네요. 책 선물을 통해 다른 분에게 기쁨을 드리는 것도 좋지만 책을 읽고 토론하면서 스스로 기쁨을 느끼는 것도 중요합니다. 독서 토론에 참여하면 지속적인 성장과 발전을 통해 행복을 느끼고, 변화에 성공할 수 있으니 자신에게 줄 수 있는 가장 큰 선물은 바로 독서 토론이라고 생각합니다. 책 선물을 한 분들과 함께라면 더욱 큰 선물이 되지 않을까요?

Q ─ 독서를 통해 나를 성장시키는 것의 이면과 성장의 한계는 무엇인가요?

A ─ 독서를 통해 자신을 성장시키는 것은 누구에게든 권장하는

일입니다. 사춘기가 지나면 육체적 성장은 멈추지만 독서를 통한 정신적 성장은 평생 지속 가능합니다. 성장에는 한계가 없다고 생각합니다.

Q — 하루, 이틀 강의를 듣고 변할 수 있을까요?

A — 고사성어 중 '괄목상대(刮目相對)'란 말이 있습니다. 눈을 비비고 상대방을 본다는 뜻으로, 남의 학식이나 재주가 놀랄 만큼 향상된 것을 의미합니다. 삼국시대 동오에서 과거에 비해 매우 해박해진 여몽의 모습에 노숙이 크게 놀라자 여몽이 "선비란 사흘만 떨어져도 눈을 비비며 다시 대해야 합니다."라고 말한 데서 유래되었다고 합니다. 하루 이틀 강의를 듣고 변하는 것에 대해 의문이 든다면 하루만 더 들어서 사흘을 채워보시지요. 그럼 괄목상대를 체험할 수 있을 겁니다. 진북 하브루타 독서 코치 양성 과정은 2급 하루, 1급 이틀, 총 3일로 구성되며 대부분 괄목상대한 변화에 성공합니다.

Q — 하브루타 독서 코칭 첫 수업을 할 때 유의할 점은 무엇인가요?

A — 하브루타 독서 코칭 수업을 할 때는 하브루타의 What, How, Why 등 골든 서클을 명심해야 합니다. 그리고 '하브루타 독서 토론을 즐기는 하브루티언을 만들기 위해 하브루타 독서 토론을 실천하는 하브루티언이 된다.'는 교육 목표를 달성하기 위해 화기애애한 분위기

를 조성하면서 하브루타 독서 토론이 아주 즐거운 놀이라는 것을 인식시켜야 합니다. 이를 위해 토론 리더로서 순발력과 애드리브를 통한 적절한 상황 대처 능력을 키울 필요가 있습니다. 편안한 분위기를 만들기 위해 칭찬과 격려를 담은 박수를 많이 치고, 유머도 중간중간 섞어주면 좋습니다. 하브루타 독서 토론 리더 경험이 쌓이다 보면 온화한 표정으로 경청하면서 공감을 위한 눈 맞춤과 자연스러운 고개 끄덕임까지 하게 되어 자신도 모르게 훌륭한 토론 리더로 바뀌어 있는 모습을 발견하게 될 겁니다.

Q — 기존 독서 동아리 구성원들에게 하브루타 독서 토론으로 진행하도록 권유하는 방법은 무엇인가요?

A — 정해진 형식 없이 독서 토론을 진행하는 것이 일반적입니다. 따라서 사전 예고 없이 7키워드 토의식 토론과 1:1 찬반 하브루타 방식으로 독서 토론을 진행하고 자연스럽게 기존 방식과 비교해보게 하는 것이 좋습니다. 진북 하브루타 독서 토론은 말로 설명하거나 글로 이해시키는 것보다 잠깐이라도 직접 해보면 큰 설득력을 발휘하는 것이 특징입니다.

Q — 적절한 질문을 찾는 방법은 무엇인가요?
A — 진북 하브루타 독서 토론의 5단계 프로세스에서 1단계 독서

코칭과 2단계 토론 코칭을 통해 질문에 익숙해졌다면 3단계 질문 코칭을 통해 질문 능력을 좀 더 향상시킬 수 있습니다. 3-1단계에서 질문 정하기, 3-2단계에서 질문의 종류 이해하기, 3-3단계에서 질문 만드는 방법 활용하기, 3-4단계에서 좋은 질문 정하는 기준 적용하기, 3-5단계에서 질문 수정 보완하기 등의 과정을 거치다 보면 좀 더 좋은 질문을 만들거나 찾는 능력이 생길 겁니다.

Q — 하브루타는 어떤 것인가요?

A — 하브루타를 쉽게 이해하려면 골든 서클 원리에 따른 What, How, Why 등 세 가지 키워드로 정리해보는 것이 좋습니다. 하브루타의 'What(무엇)'은 짝을 지어 질문하고 대답하며 토론하고 논쟁하는 유대인의 공부법입니다. 하브루타의 'How(어떻게)'는 유대인의 정통 하브루타는 토라와 《탈무드》를 내용으로 자유 토론 형식으로 하는 것이며, 한국인의 진북 하브루타는 다양한 책(문학, 비문학)과 매체(텍스트, 이미지, 오디오, 비디오)를 내용으로 7키워드 토의식 토론과 1:1 찬반 하브루타 형식으로 하는 것입니다. 'Why(왜)'는 작게는 즐겁고 행복한 공부를 위해서이고, 크게는 4차 산업혁명 시대의 미래 인재가 되기 위한 융·복합 사고력을 키우기 위해서이며, 더 크게는 유대인의 티쿤올람, 한국인의 홍익인간 사상을 바탕으로 세상을 좀 더 아름답게 만드는 데 기여하기 위함입니다.

나는 왜 이 일을 하는가

'ZINBOOK 하브루타 독서 토론' 개발 배경 – 유현심

10여 년 전 큰 딸아이의 사춘기를 고비로 평범한 주부이던 나는 부모 교육 전문가의 길로 접어들었다. '중2병'이라는 신조어가 등장하고 북에서 남침하지 못하는 이유라고 할 정도로 극심한 사춘기 방황은 내 딸아이에게도 그대로 찾아왔고, 그때까지 아이와 소통의 부재를 겪던 나는 아무런 대응도 하지 못하고 지옥 같은 전쟁의 소용돌이에 휘말렸다. 그러다 부모 교육과 하나님을 만나게 되었다. 부모 교육을 받아본 적 없이 덜컥 부모가 된 나는 부모 교육을 접하고 큰 충격을 받았다. 온몸이 감전되는 느낌이랄까?

흔히 사람을 소우주라고 말한다. 한 사람이 담고 있는 세계가 우주의 모든 것을 담고 있다고 해도 과언이 아니기 때문이다. 우주를 담고

있는 한 사람을 키워내는 중대한 일을 하는 이를 부모라고 부른다. 커피를 제대로 즐기기 위해서 우리는 커피에 대해 배우고, 음식을 맛있게 먹기 위해 음식 만드는 법을 배운다. 하지만 소우주라 불리는 한 사람을 키워내는 중차대한 일을 하는 부모가 되기 위해 우리는 무엇을 배웠던가?

부모 교육을 접하고 하나하나 적용하면서 '내'가 변했다. 주입식, 암기식, 성과 위주, 경쟁식 교육을 통해 남보다 앞선 아이로, 스펙 화려한 아이로 키우는 것이 양육을 잘하는 것인 줄만 알았던 교육 패러다임도 바뀌었다. 부모 교육을 알게 되고 제대로 적용하기 위해 지속적으로 배우고 적용해나가던 나는 부모 교육 전문 강사로 거듭났다. 그 과정을 통해 이제는 아이가 정말 원하는 것, 행복해하는 것, 하고 싶은 것, 잘하는 것을 지원해주면서 사랑이 가득 담긴 언어와 표정, 몸짓으로 아이의 꿈을 응원하는 부모가 되어가고 있다.

부모 교육 전문가로 탈바꿈한 나는 후배 부모들과 예비 부모에게 소우주를 잉태하기 전, 그리고 자녀를 키우는 중에도 반드시 부모 교육을 이수해야 한다고 역설하게 되었다. 내가 꿈꾸는 세상은 '부모 교육 자격증 시대'다. 국가 차원에서 일정 시간 부모 교육을 이수한 사람에게만 자녀를 갖도록 의무화하는 것이다. 다소 허황되어 보일지 몰라도 한 사람의 행복과 불행이 달린 일이며 거시적으로는 사회적 비용을 줄이는 일이기도 하다. 실현 가능한 방법으로 초·중·고등학교와 대학에 부모 교육을 필수 과목으로 선정해 누구나 아이를 갖기 전에 일정 수준의 부모 교육을 받도록 하는 방법이 있다.

부모 교육 전문 강사로 몇 년 동안 많은 부모님을 만나던 나는 부족함을 느껴 뒤늦게 대학원에 진학했고, 2013년 이화여대 최고 명강사 과정에도 참여하게 되었다. 그곳에서《책 속의 보물을 찾아주는 천재 독서법》의 저자 서상훈 소장님을 만나면서 내 인생의 2막이 시작되었다. 이미 (사)한국강사협회에서 명강사 패를 받은 서상훈 소장님은 재능 기부로 '창의적 콘텐츠 개발을 위한 독서 토론' 모임을 열어주었다.

첫 인상은 실용서인 줄 알고 산 책이 인문학 책인 느낌이라고나 할까? 뭔가 묘한 매력이 있었고 불쑥 던지는 질문에 답변하기가 쉽지 않았던 수줍음 많은 나로서는 살짝 긴장감이 도는 시간이기도 했다. 그 뒤부터 무언가에 홀린 듯 모임이 열리는 곳마다 찾아다니며 독서 토론 열기에 빠졌다. 부모 교육을 처음 만났을 때 전기가 통하는 듯한 느낌이 들었던 것처럼 독서 토론의 열기에 빠지면서 내 아이가 경험한 우리나라 교육의 문제점을 해결할 수 있는 프로그램이라는 확신이 들었다. 또 성인에게는 독서 토론 과정 자체가 주는 오락 효과로 힐링이 되면서도 자기를 성장시키는 더없이 좋은 프로그램이라는 확신도 들었다.

그러다 2014년 1월 2일 부모 교육을 좀 더 체계적으로 해보고 싶다는 일념으로 (주)코리아에듀테인먼트라는 교육 법인을 설립했다. 그 과정에서 법인 설립 단계부터 자문해주던 서상훈 소장님이 회사 등기 이사로 참여하게 되었고, 재능 기부로 해오던 '천사모 독서 토론'을 재정비하고 하브루타 방식과 집단 토론, 1:1 찬반 하브루타 방식 적용, 단계별 프로세스 연구, 독서 토론 리더 양성 프로그램 등을 함께 개발했다. 그리고 1,000여 권의 책 중 토론 거리가 풍부하고 보편적인 가치를 담은 텍스트를 엄선해 한국형 하브루타 'ZINBOOK(진북) 독서 토론'을 론칭하게 되었다.

'ZINBOOK'은 회사 설립 초기부터 자문해주시던 진성리더십아카데미 윤정구 교수님이 '사람들의 진북(자신만의 북극성, True North)을 찾도록 돕는 회사가 돼라.'는 의미로 붙여주신 이름이자 우리 회사의 존립 목적이다. 하브루타 방식을 취하는 이유는 여러 가지가 있지만 하브루타 자체가 부모 교육에서 배운 대로 상대를 존중하고 수용하며 그가 이미 갖고 있는 내적 자원을 끌어내도록 도우며 함께 공부하는 방식이기 때문이다.

초기에는 홍보 부족과 유료화 정책 등으로 참가 인원이 한정적이었다. 하지만 기존 교육 방식을 대체하고 프로세스 자체가 담고 있는 인성 교육적인 요소, 개개인의 역량을 개발해줄 수 있는 프로그램이라는 확신으로 단 한 사람이라도 함께하겠다는 각오로 도전했다. 그 후 불과 6개월 만에 전국 10개의 모임(참가 인원 50여 명 이상)으로 늘어났고, 토론을 이끌어가는 토론 리더도 4기까지 18명이 양성되어 리더로

270

활동했다. 2021년 8월 말 현재 전국적으로 진북 하브루타 독서 코칭 지도사 과정을 이수한 분이 1,500명 가까이 된다. 앞으로 모임의 수와 토론 참가 인원을 꾸준히 늘리는 것이 단기 목표다.

책을 읽고 토론하는 시간을 사모하는 분들이 각 가정으로 돌아가 우리 집 독서 토론 리더가 된다면 좋겠다. 적어도 책과 토론을 좋아하는 분들이라면 당장 눈앞에 보이는 성과, 다른 아이와 경쟁하게 하는 경쟁 유발 교육, 부모의 생각을 일방적으로 주입하는 주입식 교육을 하지는 않을 거라 믿기 때문이다. 그리고 양적인 팽창도 중요하겠지만 독서와 토론을 사랑하는 질적으로 깊이 있는 '독서 토론 팬'을 늘려 가는 것이 장기적인 목표다.

ZINBOOK 하브루타 독서 토론은 독서 토론 과정 자체가 배려와 경청, 인내와 다양성의 수용 등 인성 교육 요소로 이루어져 있다. 게다가 앞서 말한 대로 4차 산업혁명 시대를 살아갈 우리 아이들에게 가장 중요한 고도의 사고력과 창의력, 그리고 문제 해결력과 토론을 통한 협업 능력 등을 키울 수 있는 더없이 좋은 프로그램이라고 확신한다. 유대인 가정처럼 ZINBOOK 하브루타 독서 토론을 통해 모든 이들이 재미있고 즐겁게 토론하면서 행복을 느끼고, 크게 성장하면서 자신만의 북극성을 찾게 되길 바란다.

나는 왜 이 일을 하는가

책이 길을 제시하고, 필사와 토론이 변화를 이끈다 - 서상훈

〈오프라 윈프리 쇼〉의 '체인지 유어 라이프(Change Your Life)' 코너에서 시청자들의 인생 상담가로서 미국에서 큰 인기를 누리고 있는 유명 인사이자, 저서와 강연 및 상담을 통해 수백만 명의 삶을 바꿔놓은 인생 전략가 필립 맥그로 박사는 《자아》라는 저서에서 '변화를 위한 세 가지 조건'으로 사람과 선택, 경험을 제시했다.

가만히 보면 책은 이 세 가지 조건을 모두 담고 있다. 책을 통해 저자를 만나 안내에 따라 올바른 선택을 하고, 간접경험을 할 수 있다. 이런 의미에서 변화를 위한 가장 중요한 매개체가 '책'이 아닐까, 하는 생각이 든다. 실제로 필자도 10년 주기로 만난 좋은 책 덕분에 올바른 길을 찾아 변화에 성공할 수 있었던 것 같다.

진북 하브루타 독서 토론

기억을 거슬러 올라가보니 10대에는 계몽사 《컬러학습대백과》를 열심히 본 것 같다. 책 표지가 너덜거려서 청록색 테이프로 붙여가면서 봤던 기억이 난다. 덕분에 다양한 대상에 대한 관심과 호기심을 키울 수 있었다. 20대에는 나카타니 아키히로의 《20대에 하지 않으면 안 될 50가지》를 읽고 감명을 받았다. 그래서 그 책에서 추천한 대로 국토 순례와 스포츠 동아리, 여행 등 다양한 활동을 할 수 있었다. 30대에는 세바스티안 라이트너 박사의 《공부의 비결》이란 책이 길잡이가 되어주었다. 유럽에서 수십 년 동안 스테디셀러로 인기를 끈 책을 보면서 한국에도 이런 체계적인 학습법 책이 있으면 좋겠다는 생각을 하게 되었다.

40대에는 밥 보딘의 《WHO-내 안의 100명의 힘》이라는 책이 인상 깊었다. 감성과 관계의 중요성에 대해 새삼 눈뜬 시기에 만난 책이어서 40대의 10년을 어떻게 사람들과 어울려 살아갈지 방향성을 제시해주었다. 앞으로 10년 후쯤인 50대에는 어디서 어떤 책을 만나 어떤 길을 가게 될지 모른다. 하지만 지금까지 그래왔듯 그때도 자연스레 좋은 책을 만나게 될 거라 기대한다.

서른 무렵까지 나도 여느 청춘들처럼 평범한 길을 걸었다. 초등학생 때까지는 동화책을 많이 읽었고, 중·고등학생 시절에는 입시를 위한 교과서와 참고서, 시험에 도움이 되는 추천서 등을 많이 봤으며, 대학생 때는 '음주가무'라는 새로운 세계를 만끽하느라 책과는 담을 쌓았다. 그러다가 서른 무렵에 30대를 어떻게 보낼지 진지하게 고민했고, 자연스럽게 책에 관심을 갖게 되었다.

　서점과 도서관에서 이런저런 책을 살펴보던 중 이상하게도 성공학 관련 책에 손길이 갔다. 나폴레옹 힐, 데일 카네기, 지그 지글러, 조셉 머피 등 세계적으로 유명한 성공 철학자들의 대표 저서를 보면서 성공의 원리를 조금씩 배워나갔다. 특히 크게 감동받은 책은 스티븐 코비의 《성공하는 사람들의 7가지 습관》이다. 처음에는 이해가 가지 않는 어려운 부분이 많았지만 세 번 정도 정독하고 중요한 내용 중심으로 필사까지 했더니 책의 핵심을 파악할 수 있었다. 그리고 얼마 후부터 시작한 학습법 분야의 연구에 상당히 큰 영향을 주었다.

　나는 책을 굉장히 천천히 읽는 편이다. 그리고 문학 책보다는 비문학 책을 선호한다. 책 내용을 곱씹으면서 하나라도 제대로 배우려는 마음이 큰 것 같다. 그래서 처음에는 일주일에 한 권 읽는다는 목표를 달성하는 것도 쉽지 않았다. 그때는 유통 회사에서 일할 때라 주로 출퇴근시간 지하철 안에서 책을 봤고, 친구나 동료를 만날 일이 있을 때 기다리는 자투리 시간에도 책을 봤으며, 야근을 하면서 혼자 조용히 있는 시간에도 독서 삼매경에 빠졌다. 성공학 책을 한 권씩 읽으며 독서의 재미를 느껴 읽는 속도도 조금은 향상되었는데, 1년쯤 지나서는 일주일에 2~3권 정도 읽을 수 있게 되어 '한 달에 10권, 1년에 120권 독서'를 목표로 삼을 수 있었다.

2004년에 학습법 분야에 관심을 갖게 된 후에는 읽는 책 중 절반 이상이 '학습법'이나 '독서법', '자녀 교육' 관련 책이었다. 10년 정도 1년에 100권 이상의 책을 읽자 자연스럽게 1,000권 이상의 책을 읽게 되었다. 어떤 분은 소장하고 있는 책 수와 읽은 책 수를 자랑하는 것이 바보 같은 짓이라고 얘기하기도 하지만, 그런 소리를 들어도 개의치 않을 정도로 스스로 뿌듯하고 대견함을 느낀다.

책 읽기가 재미있어질 무렵 우연한 기회에 필사를 접하게 되었다. 좋은 책을 읽다 보니 한번 보고 말기에는 아까운 명문장이 많아서 다이어리에 옮겨두고 자주 봐야겠다는 생각이 들었다. 어렵고 이해가 잘 안 되는 부분도 필사한 후 여러 번 보면 이해가 될 거란 생각도 있었다.

역사책을 읽을 때는 문장 자체의 글자를 읽지 말고 행간을 읽어야 한다는 말이 있다. 문장에 담긴 저자의 생각과 메시지를 제대로 파악해야 한다는 의미다. 필사를 하면 마음에 드는 문장은 더욱 깊은 감동을 느낄 수 있고, 어렵고 이해가 안 되는 문장은 그 속에 담긴 의미가 실타래가 풀리듯 하나씩 이해된다.

한창 필사와 워드 작업에 빠져 있었을 때는 하루에 10시간 이상 타이핑을 하기도 했다. 그렇게 무리를 했더니 1년 후 팔꿈치와 손목, 어깨와 등, 허리에 이상이 생겼고 1년간 한방 병원에서 물리치료를 받기도 했다. 마라톤을 하면 '러너스 하이(Runners' High, 통상 30분 이상 달릴 때 분비되는 체내 마약인 아난다마이드로 도취감과 행복감, 혹은 달리기의 쾌감을 느끼는 것을 말함)'를 느끼는데, 우리 몸이 달릴 때 생기는 고통을 스스로 줄이기 위해 마약보다 수백 배 강한 호르몬을 분비하기 때문이다. 이런 현상으로 마라토너들은 몸에 무리가 가는 줄도 모르고 완주하게 되고, 그 과정에서 큰 부상을 입거나 심지어 사망하는 경우도 있다.

필사를 할 때도 쾌감을 느끼면서 정신없이 집중할 때가 있다. 그 순간이 바로 '러너스 하이(Learner's High)'가 아닐까? 몸에 이상이 생기는 줄도 모르고 필사를 했던 것은 워드 작업을 하면서 마라톤의 러너스 하이와 비슷한 경험을 했기 때문이다. 필사의 매력은 그만큼이나 대단하다.

요즘은 몸 상태를 고려해 가끔 필사를 하지만 10년 정도 학습법 분야 200권, 자기 계발 분야 300권 등 총 500권 이상의 책을 필사했고, 명강사의 특강도 100회 정도 필사했다. 100권 이상의 책을 필사하거나 100회 정도의 특강을 필사하면 책이나 강의의 핵심 내용을 쉽게 파악할 수 있고, 전체적인 흐름을 한눈에 볼 수 있으며, 저자와 강사의 메시지를 정확하게 꿰뚫을 수 있다. 한마디로 책과 강의에 대한 안목과 혜안이 생긴다는 말이다. 누구나 필사를 열심히 하면 그런 경험을 하게 될 거라 믿는다.

책과 필사에 빠져 있는 동안 더욱 강력한 녀석(?)을 만났다. 바로 독서 토론이다. 2004년부터 초등학생을 대상으로 1년 정도 독서 토론 지도사로 일했는데, 총 500회 이상 독서 토론을 진행하며 함께했던 학생들의 엄청난 변화를 직접 눈으로 확인했고, 성인도 독서 토론에 참여하면 정말 좋겠다는 생각을 했다.

그래서 카페 회원을 중심으로 독서 토론 모임을 결성했고, 온라인과 오프라인으로 정기적인 독서 토론을 진행했다. 그러던 중 2008년에 《나를 천재로 만드는 독서법》을 출간하게 되었고, 책의 인기에 힘입어 '천사모'라는 자발적인 독서 토론 모임이 전국적으로 확산되었다. 2011년에는 3년 동안의 독서 토론 진행 성과를 모아 《책 속의 보물을 찾아주는 천재 독서법》을 개정판으로 다시 출간하기도 했다.

독서 토론이 끝나면 문자와 카톡으로 후기가 쏟아지곤 한다. 좋은 변화의 계기를 만들어주어서 감사하다는 분, 새로운 세상을 알게 해주어 고맙다는 분, 유익한 시간을 보낼 수 있어서 감사하다는 분, 틀리지 않고 다르게 듣고 말할 수 있어 행복하다는 분 등 찬사를 보내는 분들의 행렬이 이어진다. 어떤 분은 "토론 리더를 맡아주신 샘이 제일 멋져요."라고 칭찬을 해줘서 입이 귀에 걸릴 뻔한 적도 있다. 같은 듯 다른 생각 속에서 자연스럽게 성장의 기쁨을 맛봤기 때문이라 믿는다.

'독사론(讀寫論)'이란 애칭으로 부르는 독서와 필사, 토론을 통해 스스로도 큰 성장과 변화를 경험했다. 10년 동안 1,000권이 넘는 책을 읽었고, 500회 이상의 필사를 했으며, 1,000회 이상 토론을 진행했다. 그리고 10년 만에 30권 이상의 저술과 1,000회 이상의 강의, 10개 이상의 온·오프라인 교육 프로그램을 개발하는 성과를 냈다. 이런 수치화된 정량적 성과보다 정성적으로 눈에 보이지 않는 성과가 더 크다.

말을 하거나 글을 쓸 때 사용하는 어휘의 수준과 품격이 높아졌고, 다른 사람의 말과 글을 이해하는 능력도 향상되었으며, 생각을 말과 글로 표현하는 능력도 크게 좋아졌다. 요즘에는 강의를 할 때 사람들을 들었다 놨다, 쥐락펴락할 정도가 되었으니 엄청난 변화라고 할 수 있을 것이다.

요즘도 가끔 서점이나 도서관에 가면 놀이동산이나 동물원, 테마파크에 간 어린아이처럼 그렇게 신나고 즐거울 수가 없다. 읽고 싶은 책이 무궁무진하다는 사실에 기쁨을 넘어 살짝 가슴 벅찬 흥분을 느끼기도 한다. 필사를 할 때면 러너스 하이가 찾아와 밥 먹는 것이나 화장실 가는 것도 잊고 짜릿한 몰입을 경험한다. 토론을 할 때는 뭔가에 홀린 사람처럼 주거니 받거니 대화와 논쟁의 블랙홀 속으로 빠져든다.

진북 하브루타 독서 토론에는 독서와 필사, 토론이라는 세 가지 보물이 숨겨져 있다. 내가 이 세 가지 보물로 변화에 성공했듯 다른 사람들도 그렇게 되길 바란다. 독서 토론에 대한 칭찬은 아무리 많이 해도 지나침이 없다. 그만큼 좋기 때문이다.

"책과 사람을 통해 배우고, 질문과 토론으로 깨닫는다."

부록
2

진북 7키워드 하브루타 독서 토론 활동 시트 & 1:1 찬반 하브루타 활동 시트 활용법

다음에 소개하는 진북 하브루타 독서 토론 활동 시트는 초등학교 3학년 이상 아이들과 독서 토론을 할 때 활용하면 좋다. 초등 저학년 아이들은 자유롭게 그림을 그리거나 이야기 나누는 정도로 쓰기에 대한 부담을 주지 않는 것이 좋다. 활용 방법은 먼저 7키워드 활동 시트를 펼쳐놓고 7키워드 순서에 따라 독서 토론을 하면서, 예시에 있는 것처럼 키워드별로 토론한 내용을 잊지 않게 간단히 메모하도록 지도한다. 책을 읽고 토론한 후 간단한 독후감을 쓰거나 앞서 소개한 7키워드 글쓰기 훈련을 위해 글감을 모아두는 용도로 활용할 수 있다. 주의할 점은 토론을 하기 전에 미리 쓰지 않는다는 것이다. 쓰고 나서 이야기를 하면 자신이 쓴 내용에 사고가 갇혀버리기 때문이다. 7키워드 독서 토론을 마치고 나면 1:1 찬반 하브루타 활동 시트를 펼쳐놓고 찬반 토론을 한 후, 역시 예시에 있는 내용을 참고해 토론한 내용을 기록하도록 지도한다. 7키워드 하브루타 독서 토론 활동 시트와 1:1 찬반 하브루타 활동 시트에 기록한 내용을 글감으로 삼아 글을 써보면 생각보다 쉽고 재미있게 독후감이나 에세이 같은 글 한 편을 완성할 수 있을 것이다.

진북 7키워드 하브루타 독서 토론 활동 시트

레벨	초등 3학년	일시	20 년 월 일	이름	최영지

텍스트	(그림책 하브루타)《둘이서 둘이서》– 김복태
표지 읽기	내용 예상 – 돼지 친구 둘이 놀러 가는 모습 / 제목 예상 : 돼지 두 마리

7 키 워 드 활 동 지	낭독	내용	둘이 서로 물 먹여주는 장면
		이유	서로 먹여주니까 긴 바가지로도 물을 먹을 수 있었다.
		느낌	나도 친구랑 서로 도와야겠다.
	경험	직간접	놀이터에서 앞에 타고 있던 친구를 밀어줬다. 친구가 자전거를 혼자 못 옮겨서 낑낑거리고 있어 뒤에서 밀어줬다.
	재미	기발함	긴 바가지로 물 먹여주는 장면, 등 밀어주는 장면, 감 따 먹을 때 한 마리는 엎드리고 한 마리는 등에 올라가서 따는 모습이 재미있다.
	궁금	사실적	
		사색적	왜 둘만 있는지 궁금하다. 다른 친구는 없을까?
		평가적	동물들도 서로 도와줄까?
		해석적	
	중요	주관적	친구랑 함께 힘을 모으면 무엇이든 할 수 있다.
	메시지	객관적	서로 도와주면 함께 먹을 수도 있고, 함께 힘을 모을 수도 있다는 걸 알려 준다.

필사	내용	(독후 활동으로 연결)
	·········	책 모양 시트에 서로 그네 밀어주는 그림을 그리고 제목 붙이는 놀이
	이유	를 함
	·········	
	느낌	제목 : 민지랑 둘이서
비판적 글쓰기		(초등 3학년 이상 권장 : 꾸키워드 독서 토론 내용으로 짧은 글짓기) 《둘이서 둘이서》라는 그림책을 읽었다. 동물들끼리 서로 물도 먹여주고 등도 밀어주고 물건도 함께 드는 모 습이 멋져 보였다. 나도 놀이터에서 민지랑 서로 그네를 밀어줘야 겠다.
소감 나누기		그림책을 읽으면서 질문도 하고 내 생각을 말할 수 있어서 재미있었다. 마지막에 책 모양 종이에 그림을 그리고 제목을 붙이니 내가 만든 책 같아서 너무 기분이 좋았다. 다음에 또 하고 싶다.
비고		

진북 1:1 찬반 하브루타 독서 토론 활동 시트

레벨	초등 3학년	일시	20 년 월 일	이름	최영지

주제		무엇이든 친구와 함께 하는 게 좋다(찬성) vs 혼자 하는 게 좋다(반대)
찬반 토론	찬성	공부도 함께 하면 내가 모르는 내용을 친구가 알려줄 수 있어 좋다.
	반대	항상 친구랑 함께 있으면 혼자 쉬거나 생각하는 힘이 줄어든다.
스위칭 (반찬)	반대	친구랑 함께 하면 좋은 일도 있지만 공부는 혼자 해야 한다고 생각한다.
	찬성	TV에서 말하는 공부방 실험을 봤는데, 같이 공부하는 게 훨씬 재미도 있고 성적도 높게 나왔다.
찬반 토론 (체인징)	찬성	무엇이든 친구와 함께 하면 외롭지 않다.
	반대	친구에게 너무 기대를 하게 돼서 안 좋다. 혼자 놀 시간도 필요하다.
스위칭 (반찬)	반대	계속 친구랑 있으면 정말 중요한 걸 할 수 없을 때가 많다.
	찬성	간식도 친구랑 함께 먹으면 훨씬 맛있고, 배우는 것도 친구가 있으면 훨씬 재미있다.
창의적 문제 해결		아무리 친구가 좋더라도 혼자 할 일과 함께 할 일을 구분하고 친구와 함께 해야 하는 일은 약속 시간을 정해서 함께 놀거나 공부해야 할 것 같다. 꼭 혼자 해야 하는 일을 잊지 않고 하는 것도 중요하다.
소감(느낀 점)		친구들과 함께 짝을 지어 찬성, 반대/반대, 찬성 토론을 해보니 정말 재미있었다. 그런데 친구들이 토론을 너무 잘해서 친구 의견에 따라갈 뻔 해 아찔했다.
비고		

진북 7키워드 하브루타 독서 토론 활동 시트

레벨	초등 5학년	일시	20 년 월 일	이름	서준희

텍스트	(짧은 이야기 하브루타) 《작아지는 괴물》 - 조앤 그란트

표지읽기	

7키워드 활동지	낭독	내용	"죽고 싶으면 덤벼."
		이유	겁쟁이였던 미오비가 자기도 모르게 이 말을 하면서 용기를 낸 것 같다.
		느낌	나도 말로 표현하면 용기가 생길 것 같다.
	경험	직간접	미오비 삼촌이 겁쟁이라고 놀린 것처럼, 동진 형이 나한테 겁쟁이라고 놀려서 기분이 상한 적이 있다.
	재미	기발함	뱀 1과 뱀 2가 싸우는 장면이 너무 재미있었다.
	궁금	사실적	
		사색적	왜 사람들은 괴물을 무서운 이미지로 생각했을까? 왜 괴물은 커졌다 작아졌다 할까?
		평가적	왜 미오비는 집에서 키우려고 괴물을 데려갔을까?
		해석적	
	중요	주관적	두 눈을 질끈 감고 외치면 용기가 생길 것 같다.
	메시지	객관적	두려움 때문에 멀리 달아나면 우리 안에 있는 괴물이 점점 커지고, 두려움에 가까이 가면 오히려 괴물이 작아진다고 말해주는 것 같다.

필사	**내용**	"나는 이름이 많아. 사람들은 나를 '걱정'이라고도 하고 '근심'이라고도 해. 대부분의 사람들은 나를 '일어날지도 모르는 일'이라고 부르지."
	이유	우리 안에 있는 괴물이 사실은 걱정, 근심, 일어날지도 모르는 일이었다는 것이 놀라웠다. 걱정하거나 근심하지 말고 용기 있게 시도해봐야겠다.
	느낌	
비판적 글쓰기		《작아지는 괴물》이라는 책을 읽었는데 겁쟁이였던 미오비가 용기 있게 괴물을 잡으러 가는 모습이 너무 멋있었다. 나도 동진이 형이 겁쟁이라고 놀렸는데, 화가 나서 울기만 했다. 미오비처럼 내가 겁쟁이가 아니라는 것을 증명하고 싶다. 내 안에 있는 걱정과 근심을 내려놓고 혼자 버스 타기에 도전해봐야겠다.
소감 나누기		구키워드로 책을 읽고 토론하니 책을 깊게 읽을 수 있어서 좋았다. 특히 아빠랑 엄마가 뱀1, 2가 되어 진짜 싸우는 것처럼 연기를 해서 너무 웃겼다. 가족끼리 독서 토론을 하는 게 무척 즐겁다. 매주 하고 싶다.
비고		

진북 1:1 찬반 하브루타 독서 토론 활동 시트

레벨	초등 5학년	일시	20 년 월 일	이름	서준희

주제		위험할 수도 있는 일에 도전하는 것은 옳은가?
찬반 토론	찬성	옳다. 언제까지나 겁쟁이로 살 수는 없다. 많이 위험한 일이라면 모르지만 씩씩하게 도전해야 한다.
	반대	옳지 않다. 미오비가 단검을 가지고 괴물을 잡겠다고 떠났다가 길을 잃거나 괴물에 잡아먹힐 수도 있기 때문이다.
스위칭 (반찬)	반대	이 책은 해피엔딩으로 끝났지만 뱀도 악어도 정말 위험한 동물이다. 무모한 도전이었다고 생각한다.
	찬성	용기를 내지 못해서 경험하지 못하는 일이 많기 때문에 지나치게 겁을 먹으면 안 된다고 생각한다.
찬반 토론 (체인징)	찬성	엄마는 겁이 많아서 지금까지 자전거를 배우지 못했다. 살면서 용기를 내야 할 일이 참 많다고 생각한다.
	반대	무모하게 용기를 냈다가 위험에 처한 사람도 많다. 신중하고 안전한 게 최고다.
스위칭 (반찬)	반대	자전거를 배우지는 못했지만 자전거나 오토바이가 도로를 달리는 것을 보면 지금도 무섭다. 자전거 대신 다른 걸 배우면 된다.
	찬성	아까 엄마가 얘기한 것처럼 용기를 내지 못하면 경험하지 못하는 게 많기 때문에 나는 적절한 용기는 꼭 필요한 것 같다.
창의적 문제 해결		무모하게 도전해서는 안 되는 일의 종류와 도전해도 좋은 일의 종류를 나눠보면 좋을 것 같다. 도전해서는 안 되는 일은 '남에게 해를 입히는 일', '자신에게 해를 입히는 일', '도덕적으로 문제가 되는 일', '범죄와 관련된 일'이라는 의견이 나왔다. 그 밖의 일은 도전하면 좋은 일이다.
소감(느낀 점)		1:1 찬반 하브루타를 해보니 반대 입장에 서는 것이 너무 힘들었다. 평소에 남들에게 내 생각을 강요하고 있다는 것을 알았다(엄마). 찬반 토론을 많이 해봐야겠다.
비고		

진북 7키워드 하브루타 독서 토론 활동 시트

레벨	중등 2학년	일시	20 년 월 일	이름	유우영

텍스트	《춤추는 고래의 실천》 - 켄 블랜차드

표지 읽기	

7 키 워 드 활 동 지	낭독	내용	"사람들은 아는 것을 실천하지 않습니다. 하지만 아무리 많이 알더라도 실천하지 않으면 소용이 없습니다." 낭독을 하는 이유는 내용을 아는 것보다 실천했을 때 변화가 일어나기 때문이고, 낭독을 하고 나니 실천해야겠다는 마음이 생긴다.
		이유	
		느낌	
	경험	직간접	유영만 교수님의 '당신은 브리콜레르인가?'라는 강의가 인상적이었다. 브리콜레르란 융합형 인재의 다른 말로, 경계를 넘나들며 무한한 가치를 창조하는 새로운 인재상이자 실천적 지식인이다. 브리콜레르가 되는 방법은 체인지인데, 체연(체험), 인연(사람), 지연(책)을 바꾸라는 말에 크게 공감이 되었다.
	재미	기발함	'건성으로 인사하기와 반갑게 인사하기' 중 어느 쪽이 긍정 에너지를 불어넣는지 청중을 대상으로 실험하는 장면이 재미있었다.
	궁금	사실적	사후 관리란 구체적으로 어떤 것을 의미할까? 필립 머레이와 헨리는 무슨 관계일까?
		사색적	계획하기보다 사후 관리에 비중을 두는 게 옳은 것인가? 왜 헨리는 '아는 것을 실천하는 방법'을 사람들에게 알려주고 싶어 했을까?
		평가적	
		해석적	

중요	주관적		아는 것을 실천하는 능력을 키우기 위해 '반복'과 '사후 관리' 노력이 얼마나 중요한지 깨달았다.
메시지	객관적		작가는 '반복, 실천, 행동'이라는 세 가지 성공의 키워드를 바탕으로 에너지를 여러 군데로 분산시키지 말고 집중해서 변화에 성공하라고 강조하는 것 같다.
필사	내용		"반복, 반복, 또 반복입니다."
	이유		이 문장을 필사한 이유는 이렇게 반복하는 것이 실천에 이르는 지름길이라는 것을 알았기 때문이다. 앞으로 무엇이든 반복을 통해 습관으로 만들어야겠다.
	느낌		

비판적 글쓰기	예전에 《칭찬은 고래도 춤추게 한다》를 아주 재밌게 읽었다. 이 책이 후속편이라는 이야기를 듣고 크게 기대했다. 책을 읽으면서 《칭찬은 고래도 춤추게 한다》를 읽고도 실천하지 못한 이유를 깨달았다. 그때 알게 된 지식을 실천하지 않아 내 것으로 만들지 못했기 때문이다. 이번 기회에 변화에 성공할 수 있다는 긍정적 사고와 지속적인 실천을 통해 꼭 예전과는 다른 내가 되고 싶다.
소감 나누기	구 키워드로 독서 토론을 하면서 꼼꼼하게 텍스트를 읽는 능력을 기를 수 있을 것 같다. 그리고 상대방의 이야기를 충분히 공감하며 경청해야 내 의견을 논리적으로 말해서 설득할 수 있다는 것도 알았다. 여러 친구의 경험과 의견을 들으면서 미처 알지 못했던 나 자신에 대해서도 깨닫게 되었다. 지속적인 독서 토론을 통해 앞으로 변화에 성공하는 내가 될 것이다.
비고	

진북 1:1 찬반 하브루타 독서 토론 활동 시트

레벨	중등 2학년	일시	20 년 월 일	이름	유우영

주제		달성 가능한 목표(찬성) vs 무모한 목표(반대)
찬반 토론	찬성	단계를 밟아가면서 성취해나가는 기쁨을 맛볼 수 있고, 자존감도 향상된다.
	반대	무모한 것 같지만 도전을 통해 인간의 무한한 잠재력을 발휘할 수 있다.
스위칭 (반찬)	반대	내가 누구인지, 무엇을 원하는지, 어떤 것을 할 수 있는지 알 수 있다.
	찬성	안전하게 차근차근 단계별로 임하기 때문에 평온한 삶을 살 수 있다.
찬반 토론 (체인징)	찬성	현실에 맞는 목표를 세워 달성했을 때 희열을 맛보면서 발전할 수 있다.
	반대	꿈은 크게 가지라고 한다. 쉬운 목표는 성취력 저하를 불러온다.
스위칭 (반찬)	반대	실패와 좌절을 통해 더 나은 성장의 밑거름을 만들 수 있다.
	찬성	무모한 목표는 할 수 없다는 부정적인 생각과 목표 달성 실패를 통한 자신감 상실을 가져올 수 있다.
창의적 문제 해결		두 가지 목표를 모두 갖고 있어야 삶이 풍부해진다. 달성 가능한 목표는 만족감과 행복을 주고, 무모한 목표는 재미와 기대, 호기심과 기쁨을 준다. 시간이 지나면서 경험이 더해지면 목표도 커진다. 작은 목표가 큰 목표가 될 때까지 노력하자.
소감(느낀 점)		큰 목표와 작은 목표에 대해 생각해볼 수 있었고, 다른 친구들은 어떤 목표를 갖고 있는지 궁금해졌다.
비고		

진북 7키워드 하브루타 독서 토론 활동 시트

레벨		일시	이름

텍스트

표지 읽기

7 키 워 드 활 동 지	낭독	내용	
		이유	
		느낌	
	경험	직간접	
	재미	기발함	
	궁금	사실적	
		사색적	
		평가적	
		해석적	
	중요	주관적	
	메시지	객관적	

	내용	
필사	이유	
	느낌	

비판적 글쓰기	

소감 나누기	

비고	

진북 1:1 찬반 하브루타 독서 토론 활동 시트

레벨		일시		이름	

주제		

찬반 토론	찬성	
	반대	

스위칭 (반찬)	반대	
	찬성	

찬반 토론 (체인징)	찬성	
	반대	

스위칭 (반찬)	반대	
	찬성	

창의적 문제 해결	

소감(느낀 점)	

비고	

| 참고 자료 |

• 국립국어원 국민의 기초 문해력 조사 보고서(2008-1-57)

• 〈새국어생활〉 제19권 제2호(2009년 여름호), 문해력의 개념과 국내외 연구 경향(윤준채/대구 교육대학교 교수)

• 《우리 아이 영재로 키우는 엄마표 뇌교육》(서유헌/동아엠엔비)

• 행복한 교육을 돕는 가게 : 학토재 해피 에듀몰 – 7키워드 무지개 독서 토론 카드
(http://www.happyedumall.com/goods/view?no=389)

• EBS 연중 기획 〈읽어야 이룰 수 있습니다〉, 당신의 문해력

Foreign Copyright:
Joonwon Lee
Address: 3F, 127, Yanghwa-ro, Mapo-gu, Seoul, Republic of Korea
3rd Floor
Telephone: 82-2-3142-4151
E-mail: jwlee@cyber.co.kr

낭독·필사·토론으로 문해력을 키우는

진북 하브루타 독서 토론

2021. 9. 23. 1판 1쇄 인쇄
2021. 9. 27. 1판 1쇄 발행

지은이 | 유현심, 서상훈
펴낸이 | 최한숙
펴낸곳 | [BM]성안북스
주 소 | 04032 서울시 마포구 양화로 127 첨단빌딩 3층(출판기획 R&D 센터)
      | 10881 경기도 파주시 문발로 112 파주 출판 문화도시(제작 및 물류)
전 화 | 02) 3142-0036
      | 031) 950-6300
팩 스 | 031) 955-0510
등 록 | 1973.2.1. 제406-2005-000046호
출판사 홈페이지 | **www.cyber.co.kr**
투고 및 문의 | heeheeda@naver.com
ISBN | 978-89-7067-407-0 (13590)
정가 | 16,000원

이 책을 만든 사람들
책임 | 최옥현
진행 | 전희경
교정·교열 | 이정현
본문·표지 디자인 | 디박스
영업 | 구본철, 차정욱, 나진호, 이동후, 강호묵
마케팅 | 장상범, 박지연
홍보 | 김계향, 유미나, 서세원
제작 | 김유석

www.cyber.co.kr ★★★
성안당 Web 사이트

■ 도서 A/S 안내